目次

第四章　放射線防護剤開発の歴史と役割

第五章　弘前大学における被ばく医療人材育成

・URLのアクセスは執筆当時に確認しました。
・本文中の＊は脚註があることを示します。

監修にあたって

東京大学名誉教授
弘前大学名誉博士
嶋　昭紘

弘前大学放射線安全総合支援センターから、東京電力福島第一原子力発電所事故へのこれまでの弘前大学の取り組みについて、一冊の書籍として弘前大学出版会から上梓したいので、監修を担当してほしいとの御依頼があった。監修者の専門は放射線生物学であり、当該書籍の内容の全ての分野に通暁しているわけではないが、御依頼をお受けして、原稿状態の各章のファイルを順次送信していただき、可及的速やかに拝見し、忌憚のないコメントを付した手入れ済み原稿ファイルを返送し、各執筆者に御覧いただき、修正版を作成していただいた。その間、監修者の視力障害と住居の引っ越しが重なり、予想以上の時間が経ち、上梓の進捗が遅延したことをお詫びしたい。

本書は六章からなり、それぞれの執筆者である弘前大学教職員の方々に、3・11以降に福島の被災地でどのような活動をされ、被災地の皆さん方と如何に接してこられたかを、経験を交えつつ平易な文章で語っていただいた。何より大切な「収穫」は、執筆者方が、地域の方々と向き合うだけではなく、地域の方々が何を「御覧になり」、何を「聞いておられるか」を共有し、それらに対して科学的に正しいアドバイスを適切に行ってきたことである。これらの経験は、今後、弘前大学教職員の皆さんが、被災地の方々に重くのしかかっている漫然たる不安感や喪失感からの復元に如何に役立てるか、いわれのない差別の払拭に如何に立ち向かえるか、といった諸問題を科学に根差して解決する手立てを被災地の方々に提供する活動に資すると信じる。

監修に当たっては、各執筆者の感性の自主性を最大限尊重して、この書籍全体を通して、整合性のある用語法による記述に整えることは、敢えて行わなかった。読者に於かれては、これを了とされたい。

はじめに

　多くの日本人にとって「放射線」という言葉は、どちらかといえば「負」の印象が強いかと思います。実際、日本原子力文化財団による「原子力利用に関する世論調査二〇一七*」によると、「放射線」という言葉から思い浮かぶイメージは否定的な反応が圧倒的に高く、「危険」（七一・二％）、「不安」（五一・三％）という回答が突出しています。一方で病院等での検診や診断でのレントゲン撮影や空港での手荷物検査など、我々は様々なかたちで「放射線」あるいは「放射能」との関わりのなかで生活しています。また、放射線の社会での活用や、放射線に関わる教育・研究分野は皆さんが想像する以上に多岐に渡ります。

　弘前大学がある青森県の主たる産業は農業や漁業ですが、一方で原子力関連施設や研究施設が多く立地する、国のエネルギー政策にとって重要な地域的背景も併せ持ちます。遡ることおよそ一〇年前、当時、青森県には被ばく医療に関する専門家が少なく、国の三次被ばく医療機関（放射線医学総合研究所）は遠隔であることが課題の一つであり、実効的な緊急被ばく医療体制、教育研究・医療の場における人材育成及び高度な専門的知識・技術を有した人材などの緊急被ばく医療体制の構築が必要でした。こうした地域が抱える課題に対する強い危機感から、弘前大学・遠藤正彦学長（当時）の肝いりで二〇〇八年から被ばく医療に関わる医療体制や教育・研究体制の充実に向けた取り組みがスタートしました。以来これまでの過程では、文部科学省特別経費『緊急被ばく医療支援人材育成及び体制の整備』（二〇〇八～二〇一二年）の採択を受け青森県内で多分野、多職種の人材育成に取り組むと共に、二〇一〇年には、現在の「被ばく医療総合研究所」や「高度救命救急センター」が設置されました。そうした活動のなかで、東京電力福島第一原子力発電所事故が発生し、大学を挙げての支援活動に取り組み、被ばく医療に関わる活動は広がりをみせ現在に至っております。

本書は、そうした活動に関わる中でも放射線科学分野に集う弘前大学の多様な研究者の活動の紹介であると共に、福島第一原子力発電所事故発生からの弘前大学の対応についてこれまで約一〇年の活動の歩みから現在に至る道のりが垣間見える内容になっていると思います。現在これまでの活動の積極的な情報発信から、世界から多くの有為な人材が集い始めております。教職員も教育・研究活動においても世界に視野を向ける姿勢が生まれ、ささやかながら放射線科学分野の国際拠点化が進んでおります。こうした活動に取り組む大学がここ青森県に存在することを多くの若い方々に知って頂く機会になれば幸いです。さらには、大学教員としての本来の教育・研究の傍ら、こうした地道な活動に日々取り組んでいることを多くの方々に知って頂く機会になれば幸いです。

（柏倉幾郎）

＊「原子力利用に関する世論調査二〇一七」一般財団法人　日本原子力文化財団（JAERO）https://www.jaero.or.jp/data/01jigyou/tyousakenkyu_top.html

第1章

被ばくを調べるための放射線計測技術

はじめに

二〇一一年三月十一日に発生した東京電力福島第一原子力発電所（以下、福島第一原発という）事故以来、多くの人たちが放射線の存在を知り、不安を覚えたことと思います。被災地の皆さんは今でも不安を抱えていることでしょう。しかし、放射線は福島第一原発事故以前から私たちの身の回りに存在していました。この事故により、私たちのような専門家は、多くの方々が放射線についての情報や知識がほとんどないことを思い知らされました。そこで、第一章では、日常生活で避けることができない自然放射線源からの被ばくの実態に焦点を当て、私たちの研究活動の一部について紹介したいと思います。そして、私たちの自然放射線研究を通じて得た知見や技術を応用した福島第一原発事故後の活動についても紹介します。

自然放射線による被ばくの状況

国内外の被ばくのレベル

私たちの生活環境中にはさまざまな放射線源が存在しています。公益財団法人原子力安全研究協会が二〇一一年に出版した『新版生活環境放射線（国民線量の算定）』では、放射線源を①自然放射線、②核実験フォールアウト、③職業被ばく、④医療被ばく*、⑤コンシューマプロダクツ*や航空機利用、⑥原子力関連施設に分類しています。[1] その中では、日本国民一人当たりの被ばく線量のほとんどが医療被ばくと自然放射線であることが報告されています。医療被ばくの程度は、受診する検

医療被ばく
放射線検査や治療行為を受ける被検者が与えられる被ばくのことです。病院でエックス線検査や核医学検査等に従事する医療従事者が与えられる被ばくは、職業被ばくに分類されます。

コンシューマプロダクツ
『新版生活環境放射線（国民線量の算定）』のなかでは、「一般公衆が法的規制なしに自由に売買あるいは所持できる製品で、放射性物質を意図的に利用したもの、あるいは副次的に放射線の放出源となる製品」としています。例えば、テレビのブラウン管、空港手荷物検査システム、煙感知器などです。

査内容や被検者の体型等によって変わります。私たちは被ばくの大きさを表す量を「線量」と呼んでいます。本章では自然放射線による被ばくに焦点を当てて説明していきます。

　自然放射線源は大きく外部被ばくと内部被ばくの要因となる線源とに分けられます。[1] 外部被ばくとは、人体の外側からやってくる放射線に当たることによる被ばくのことで、主に大地からのガンマ線や宇宙線がその要因となります。一方、内部被ばくとは吸入や経口摂取により放射性物質を体内に取り込んで生じる被ばくのことで、主にラドンによる吸入摂取や食事による経口摂取がその要因となります。ラドンといえば温泉を思い浮かべることが多いかもしれませんが、環境中のあらゆるところに存在している放射性（放射線を出す）の気体です。

　地球は約四十六億年前にできたといわれています。その大地を形成する岩石や土壌中には、ウラン２３８を起源とするウラン壊変系列核種、トリウム２３２を起源とするトリウム壊変系列核種およびカリウム４０が多く含まれていることがよく知られています。そして、それらの放射性核種からはガンマ線が放出されることから、大地ガンマ線と呼ばれています。大地ガンマ線による被ばく線量は土壌中に含まれるウラン系列核種、トリウム系列核種およびカリウム４０の放射能濃度*に依存します。それらの放射能濃度の差は主として地質（大地の性質）に依存し、特に花崗岩や流紋岩が分布している地域でそれらの放射能濃度が高く、玄武岩や安山岩が分布している地域で低いことが報告されています。[2] **図1-1**に地表面から一メートルの高さで測定された大地ガンマ線による空気吸収線量率*の分布を示します。[3] この

放射能濃度

一般に一キログラムの土壌中に含まれる放射能の量が何ベクレル（放射能の単位）であるかで表されます。

空気吸収線量率

放射線とはエネルギーをもった粒子の流れのことです。つまり、放射線のもつエネルギーが物質に与えられることで、その度合いによっては何らかの影響や効果が現れます。

物質一キログラム当たりに吸収した放射線のエネルギーを評価することは重要で、これを吸収線量と呼びます。空気中での吸収線量を空気吸収線量といいます。吸収線量の単位はジュール毎キログラム（J／kg）で、特別にグレイ（Gy）という単位の使用が認められています。

＊＊率というのは、＊＊を時間（一時間とか一年間など）当たりで表した量をいいます。自然環境中の空気吸収線量率の単位には、nGy／h（ナノグレイ毎時と読みます）がよく使われます。なお、ナノとは10^{-9}（10億分の1）のことです。

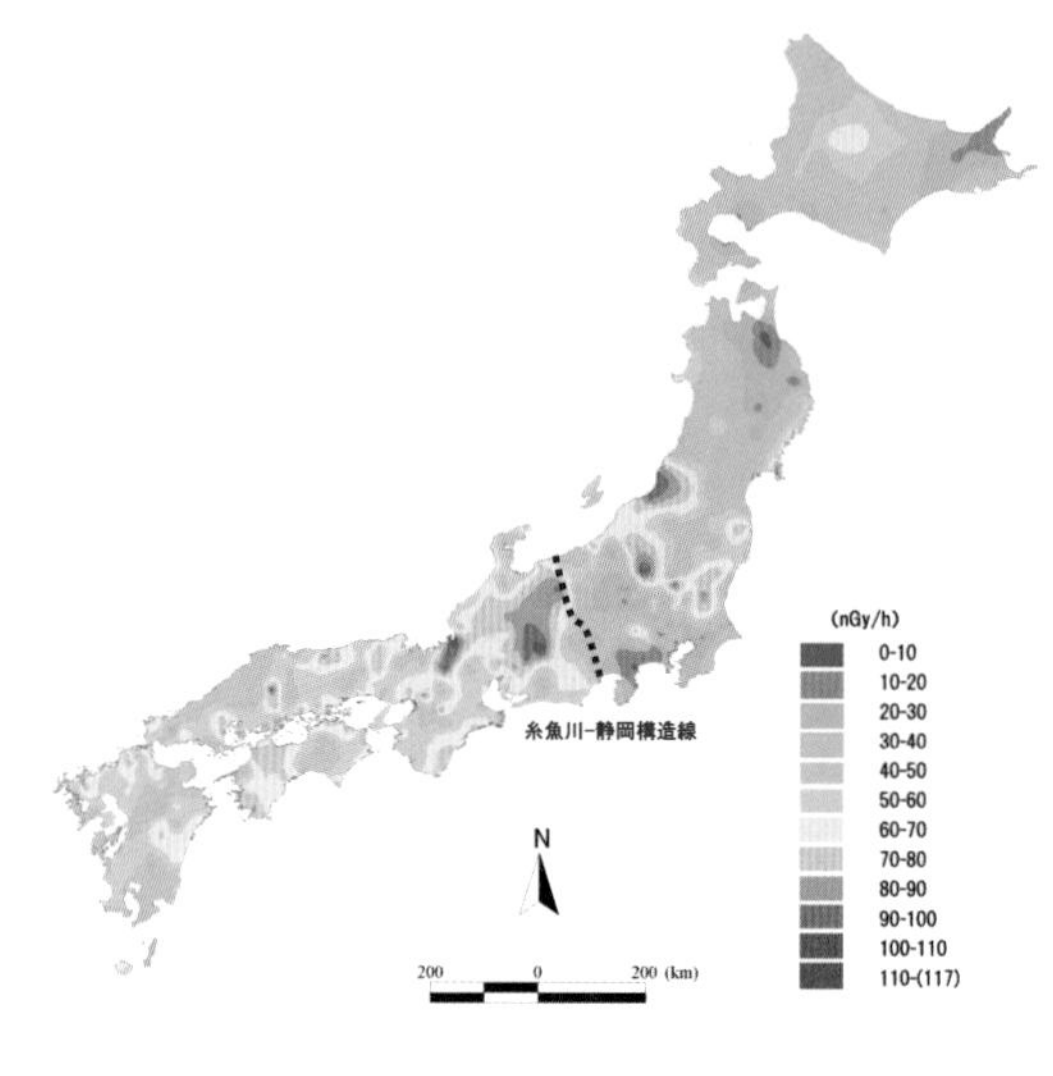

図1-1　自然放射線レベルの地理的分布
地表から一メートルの高さにおける空気吸収線量率が示されています。著者の承諾を得て糸魚川 - 静岡構造線を点線で加筆しました。
（参考文献3より転載）

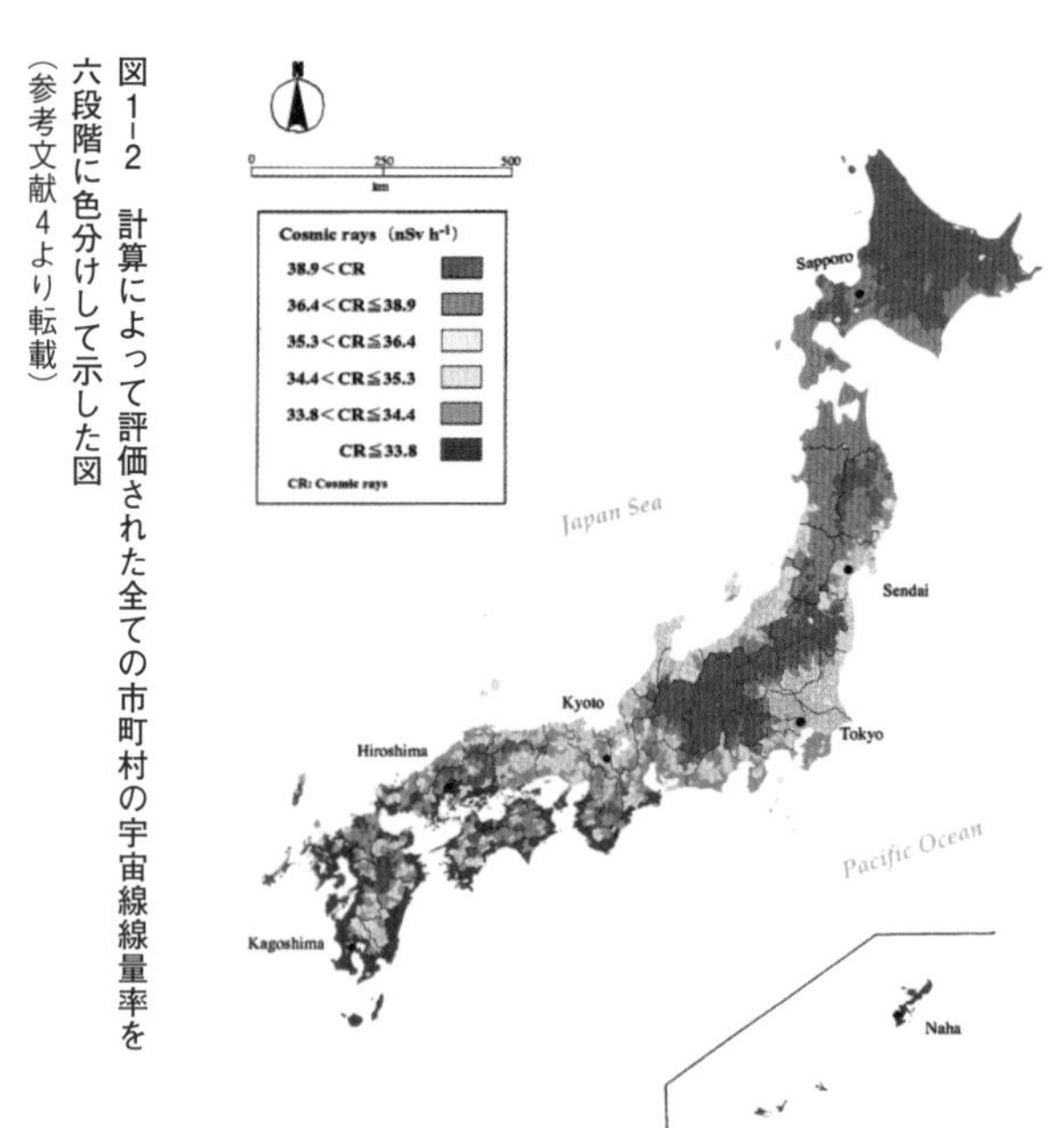

図1-2　計算によって評価された全ての市町村の宇宙線線量率を六段階に色分けして示した図
（参考文献4より転載）

図をみると、糸魚川‐静岡構造線を境に西南日本の空気吸収線量率の方が、東北日本よりも高いことが分かります。この差は前述のように、地質の違いによるものであると考えられています。

次に、外部被ばくの要因となる宇宙線について説明します。一九一一年にオーストリアのＶ・Ｆ・ヘスが気球に放射線測定器を乗せて観測実験を行ったことで宇宙線の存在を発見しました。ヘスは、その発見によって一九三六年にノーベル物理学賞を受賞しました。宇宙線は、大気圏外からくる一次宇宙線と、一次宇宙線が大気を構成する原子と衝突することによって発生する二次宇宙線とに分類されます。私たちの生活圏で受ける宇宙線による被ばくのほとんどは二次宇宙線によるものです。一次宇宙線は、超新星の爆発にともなって生じる銀河宇宙線と太陽フレアにともなって生じる太陽宇宙線とに分類されます。銀河宇宙線の実態は、九十八％が原子核（その八十七％が陽子で十二％がヘリウム）で残りの一％がそれより重たい粒子であるといわれています[1]。太陽宇宙線のほとんどは陽子です。これらの一次宇宙線が大気原子と衝突することで、陽子、中性子、パイ中間子、ミュー粒子、電子やガンマ線といった二次宇宙線が生成されます。**図１‐２**に示すように、二次宇宙線による被ばく線量は、高緯度の地域や標高が高い地域では高い傾向にあることが分かります[4]。

ラドンは一九〇〇年にドイツの物理学者であったＦ・Ｅ・ドルンによって発見されました。当時はラジウムから放射する放射性核種*であったことから、ラジウムエマナチオンと呼ばれていました。エマナチオンとは〝放射する〟という意味をもち

放射性核種
原子核は陽子と中性子で構成されていますが、陽子の数と中性子の数によって決まる原子の種類のことを核種といいます。放射性核種とは、放射線を放出する核種のことをいいます。

ます。ラドンは岩石、土壌、建材などに含まれているラジウムが壊変[*]することで発生します。内部被ばくの視点で見ると二種類のラドンが重要になってきます。一つは、ウラン壊変系列であるラジウム226（半減期は一、六〇〇年）が壊変して生成されるラドン222（半減期は三・八日）、もう一つはトリウム壊変系列であるラジウム224（半減期は三・七日）が壊変して生成されるラドン220（半減期は五五・六秒）です。このラドン220はトリウム壊変系列のラドンであることから、ラドン222と区別するために「トロン」と呼ばれています。ラドンやトロンも放射性の気体なので壊変します。このように壊変が繰り返されるので壊変系列といわれます。この壊変によって作られる核種のことを子孫核種といいます。私たちは、空気中に存在するラドンやトロン、そしてそれらの子孫核種を吸気によって体内に取り込みます。ラドンやトロンは気体なので呼気によってほとんど体外に排出されますが、それらの子孫核種は固体（金属）なので気管支や肺内に沈着します。その結果、子孫核種から放出するアルファ線によって呼吸器系が内部被ばくを受けることになります。世界保健機関では、ラドンによる内部被ばくはタバコに次ぐ肺がんのリスク因子であると警告しています。[5] 欧米などでは、一般家屋、職場や学校におけるラドンの放射能濃度に対する規制値を設定している国や地域もあります。しかし、日本ではまだ議論も始まっていません。

食品中にはその量は異なるものの、さまざまな放射性核種が含まれています。例えば、動植物（人間も含めて）を構成するための必須元素である水素、炭素、カリウムには、それぞれ放射性同位元素[*]である水素3（トリチウムと呼ばれます）、炭

壊変
不安定な原子核がアルファ粒子（ヘリウムの原子核のことで陽子二個と中性子二個で構成されています）やベータ粒子（電子）を放出することで別の原子核に変わることを壊変（崩壊とも呼ばれます）といいます。

放射性同位元素
元素の原子番号が同じで質量数だけが異なる元素同士を同位元素といい、その中で放射線を放出する同位元素のことを放射性同位元素といいます。

実効線量
吸収線量が同じでも放射線の種類や曝露される組織・臓器の種類によってその影響は異なります。全身均一に被ばくした場合と同じ尺度で被ばくの大きさを表すようにした量を実効線量といいます。したがって、実効線量で表すことで外部被ばくや内部被ばくといった被ばく形態、被ばくした組織・臓器の違いや曝された放射線の種類の違いに関係なく同じ尺度で被ばくの大きさを比較することができます。

素14やカリウム40が存在し、それらは多少なりとも食品中に含まれています。[1] その他、前述のように土壌中にはウランやトリウムが含まれており、それらが壊変して生成するラジウムやポロニウム、鉛といった放射性核種も食品中に移行します。調理をすることによってそれらの量は変化することがあります。

自然放射線によって一年間に一般公衆が受ける実効線量の平均値は、国際的には原子放射線の影響に関する国連科学委員会（UNSCEAR）によって報告されています。[6] 表1-1には、日本[1]とUNSCEARの二〇〇八年の報告書[6]によって報告された年間実効線量の平均値を示します。日本の自然放射線による年間実効線量の平均値は、世界の平均値とほとんど同じであることが分かります。しかし、内訳を見てみるとラドンによる内部被ばくが世界の平均値の約半分を占めているのに対し、日本の平均値の約半分は食品・飲料水中の放射性核種を摂取することによる内部被ばくであることが分かります。

日本の家屋構造は気密性が低い木造家屋が主流ですが、欧米では気密性が高く地下室を備えた家屋が多いことや、建材にラドンを放出する源となるラジウムを多く含む材料を使用している家屋が多いことが吸入摂取の差となります。一方、魚介類にはポロニウム210が多く含まれていることが分かっています。日本人は欧米人よりも古くから魚介類を食す傾向が強いため、経口摂取による内部被ばく線量が世界平均値と比べて高い要因であるといわれています。しかし、近年の水産庁の調査結果によれば、[7] 四〇代までの年齢層では魚介類よりも肉食の方が高く、将来的には経口摂取による内部被ばく線量は世界平均値程度に低減するかもしれません。

表1-1　自然放射線による年間実効線量の平均値（単位はミリシーベルト／見出しにある肩付き数字は出典を示す）

被ばく線源		日本の平均値[1]	世界の平均値[6]*
外部被ばく	宇宙線	0.30	0.39（0.3–1.0）
	大地放射線	0.33	0.48（0.3–1.0）
内部被ばく（吸入摂取）	ラドン・トロン、その他	0.48	1.26（0.2–10）
内部被ばく（経口摂取）	食品・飲料水中の放射性核種	0.99	0.29（0.2–1.0）
合計		2.1	2.4（1.0–13）

*カッコ内は代表的な範囲を示しています。

外部被ばく線量の調査

ここからは、私たちが国内外で行っている調査を中心に紹介していきます。

私たちは、青森県内での大地ガンマ線からの空気吸収線量率を調査することで、そのマッピングを二〇一三年に行いました。青森県には、東通原子力発電所（福島第一原発事故により現在は操業停止中）、大間原子力発電所（現在、建設を中断しているが二〇二〇年に再開予定）の二つの原子力発電所があります。また、日本原燃株式会社ではウラン濃縮工場および低レベル放射性廃棄物埋設センターが操業しています。さらに、使用済み核燃料中間貯蔵施設の建設も行われています。このように、青森県は日本屈指の原子力産業県であるともいえます。

そこで、青森県では平常時より空気吸収線量率のモニタリングを継続的に行うとともに、定期的に土壌、植物、魚介類等の採取を行い、放射能分析を実施しています。青森県六ヶ所村にある公益財団法人環境科学技術研究所は、青森県内の住宅密集地を中心に家屋内外に放射線測定器を設置し、住民の外部被ばく線量調査を実施し、その結果をもとにして青森県内の外部被ばく線量のマッピングを行いました[8]。この調査は住宅地周辺を中心として実施されたため、住民の外部被ばく線量を把握するには十分であると思いますが、山間部も含めた青森県全域の空気吸収線量率の分布を把握するには測定点に偏りがある、とわれわれは考えました。つまり、原子力災害等の有事の際に青森県全域のベースとなるデータが必要であると考えたのです。

福島第一原発事故の際の問題点の一つが、事故前の福島県内の自然放射線（主に大地ガンマ線）による空気吸収線量率のデータがあまりにも少なく、事故によって新たに追加された線量がどの程度であったかの評価が困難であったことでした。青森県ではこのようなことがないように十分にデータを整備しておく必要があると考えました。そこで、私たちは自動車に放射線測定器を搭載し、走行しながら空気吸収線量率を評価する方法（走行サーベイといいます）によって（**図1-3**）、青森県全域の空気吸収線量率の地域分布を評価しました。

この調査は二〇一三年八月に一週間ほどかけて実施しましたが、毎朝八時頃に大学を出発し、深夜に帰宅するという過酷な調査でした。調査前には、青森県の道路地図を使って事前に走行ルートを決定する必要があります。国道や県道はもちろんのこと、今回は林道や農道のような車一台がギリギリ通ることができるような狭い道もできる限り調査対象としました。測定器を車の中に設置して測定する走行サーベイで得られる測定値を、車外の値に換算するために、車の外に測定器を設置して一定時間大地ガンマ線を測定する必要があります。日が落ちると山の中は真っ暗で測定器を設置するのは懐中電灯を照らしながらの作業ですが、懐中電灯を消し、空を見上げると満天の星空を眺めることができました。調査を行う以上、社会に還元できる興味深いデータを取得できることが研究者としてのやりがいであることはもちろんですが、フィールドに出ると自然との一体感を味わえるのも醍醐味の一つです。

このようにしてできた空気吸収線量率マップを**図1-4**に示します。[9] このマップからは、ある場所の空気吸収線量率を知ることはできますが、個人の外部被ばく線量を知ることはできません。そのためには、個人が①いつ、②どの場所に、③どれ

図1-3　自動車内に設置した放射線測定器（NaI(Tl)シンチレーションスペクトロメータ）
常に、同じ場所に測定器を設置して走行しながらデータを取ります。

だけの時間滞在したかを把握する必要がありますが、この情報を得るのは簡単なことではありません。また、家屋内の空気吸収線量率を把握することも個人の被ばく線量を評価するには重要なことですが、大規模な調査が必要となり一つの研究室だけで実施するのは難しく、国内における多数の研究者の協力を得て実施していく必要があります。個人の外部被ばく線量を知るには個人被ばく線量計を携帯してもらうのが最も簡単な方法ですが、測定器自体が高額なので多くの方に携帯してもらうのは難しいでしょう。このように、調査を進めて行くための課題はまだまだたくさんあります。

一般の方々が思い描く研究者のイメージは、実験室で白衣を着て一人で実験器具を使って何かをしている様子かもしれません。しかし、私たちが行っている環境放射線の研究分野では、他の研究者や住民とのコミュニケーションを十分にとり協力体制を構築することで目的を成し遂げられることが非常に多いのです。また、ここに示したことと同様な調査は国内外の多くのところで実施されています。

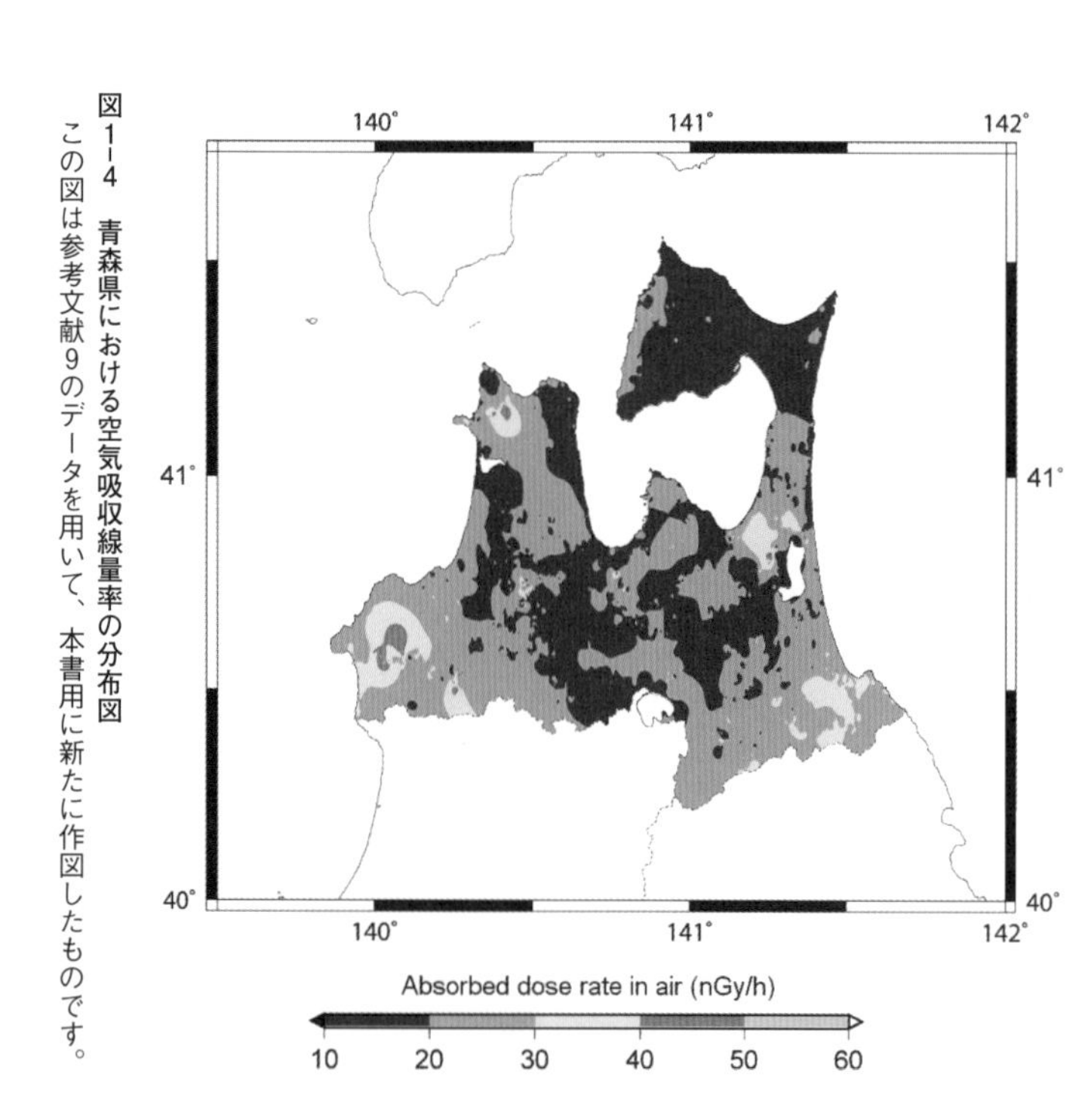

図1-4　青森県における空気吸収線量率の分布図
この図は参考文献9のデータを用いて、本書用に新たに作図したものです。

例えば、カメルーンではウラン鉱山の採掘が始まろうとしていますが、その際の近隣住民への外部被ばくによる影響を考えるための基礎データとして鉱山周辺地域の大地ガンマ線の空気吸収線量率の分布を走行サーベイによって評価しています。カメルーンの研究代表者は、日本の研究者との共同研究の可能性を探るために二〇一二年に弘前大学を訪ねて来ました。それは私たちが自然放射線と被ばく影響に関連する国際会議を学内で開催していたからです。そこからカメルーンとの共同研究が始まりました。私たちも何度か現地を訪ねて、現地の研究者らに対して私たちの技術を指導しました。

図1-5には、カメルーンでの調査の様子を示しますが、調査対象地域にたどり着くまでには二つのジャングルを越えました。カメルーン国内の道路の舗装率は一〇%といわれています。一つ目のジャングルを越えた集落では、身長が低いことで知られる狩猟採集民であるピグミー族とも遭遇しました。現地住民がいうには、その地に来た日本人は文化人類学を専門とする研究グループ以来、二例目のようでした。カメルーンにいくまでには、私たちは黄熱予防接種証明書（イエローカード）の取得のために東京に出かけたり、その他の予防接種を受けるために弘前市内の医療機関を往復したりと相当大変な下準備がありました。

また、現地のホテルと称せられている建屋では窓ガラスが壊れていたので、マラリア対策として蚊に刺されないために持ち運びできる蚊帳を準備してその中で寝たり（**図1-6**）、日本から持参した蚊取り線香を滞在中焚き続けたりと、調査結果では見えない苦労が相当ありました。現地の研究者たちも蚊の対策には困っているよ

図1-5　調査地点に向かうまでの風景
このような森林地帯を二ヶ所抜けて調査地点まで向かいました。

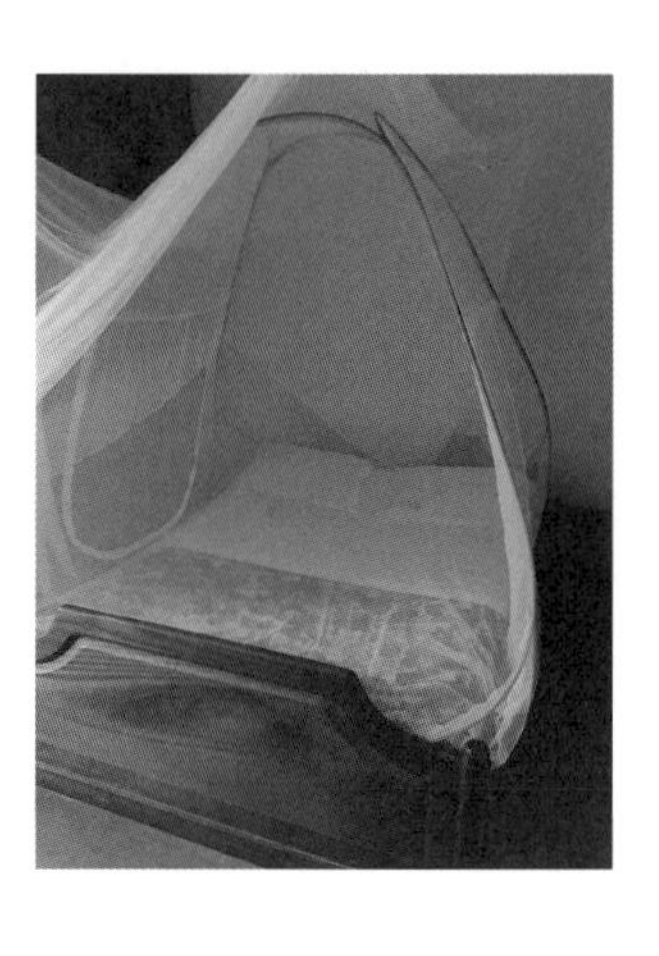

図1-6　ホテルの部屋の中の様子
　このように蚊帳をベッドにおいて蚊取り線香を焚き続けて寝ないと蚊に刺されるリスク（特にマラリア）があります。その結果、部屋だけでなく荷物や洋服は全て蚊取り線香の臭いが染みついてしまいました。

うで、私たちが持参した日本製の蚊取り線香を全て提供しました。よほど好評だったのか、次の訪問の際にも蚊取り線香がほしいと言われるほどでした。

　その他、低線量率被ばく影響を解明するために高自然放射線地域として有名な南インドにあるケララ州でも同様の調査を実施しました。その結果をマッピングすることで海岸沿いや一部の内陸で空気吸収線量率が他の国や地域と比べて高いことが見て分かるようになりました。現在、タイでは国内全域の空気吸収線量率マップを作成するために、私たちの手法を用いて調査を進めています。もちろん、この調査には私たちも積極的に関わっており、数年後には初めてタイ全土の空気吸収線量率の分布状況が明らかになるでしょう。

内部被ばく線量評価のための新しい測定技術開発

　前にも述べたように、ラドンの吸入摂取による内部被ばくは肺がんのリスク要因となります。この事実は、欧米では一般公衆にも広く知られています。細田が滞在したアイルランドにあるアパートの取扱説明書類の中にもラドンによる被ばくやそ

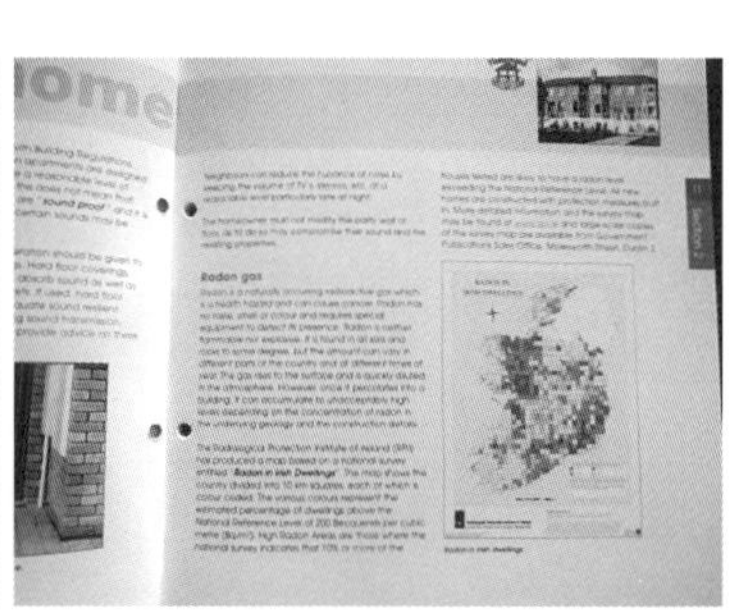

図1-7　アパートの取扱説明書類の中に記載されているラドンによる被ばくやその実態

の実態と問い合わせ先が記載されていました（図1-7）。日本の伝統的な建築構造により、ラドンによる年間実効線量の平均値は世界平均値と比較しても低いことは既に説明しました。しかし、国内で実測をしてみると世界保健機関や国際放射線防護委員会といわれるような国際機関が注意喚起をしている濃度レベルを超える家屋が相当数あります。つまり、日本でも家屋内外のラドンの濃度レベルを調査し、もし高い家屋が発見された場合には、その低減方法を提案することは重要なのです。

そこで、私たちは簡便かつ正確にラドンの濃度レベルを評価するための計測技術の開発を行っています。その一例を図1-8に示します。このラドンモニタは、床次がその原型を製作してRADUET（ラデュエット）という商品名でハンガリーにある企業から製造・販売され、各国の研究機関で採用されています[10]。最近の例では、韓国で実施されている二〇万家屋を対象とした屋内ラドン調査のプロジェクトにも使用されています。私たちの生活環境中のあらゆるところに、ラドンとその放射性同位元素であるトロンが存在していることは既に説明したとおりです。RADUETには、CR-39という固体飛跡検出器と呼ばれる放射線検出器がケースの中に貼り付けられています。このCR-39というのは眼鏡にも使用されるプラスチックレンズの一種で、ラドンやトロンが壊変する際に放出するアルファ線が当たると目には見えない傷ができます。この傷を強アルカリ溶液による化学処理（これをエッチングといいます）することで傷を光学顕微鏡で観察できる程度まで大きくします。そうして拡大された、アルファ線によってできた傷をエッチピットといい、このエッチピット数を光学顕微鏡で目視により数えます。

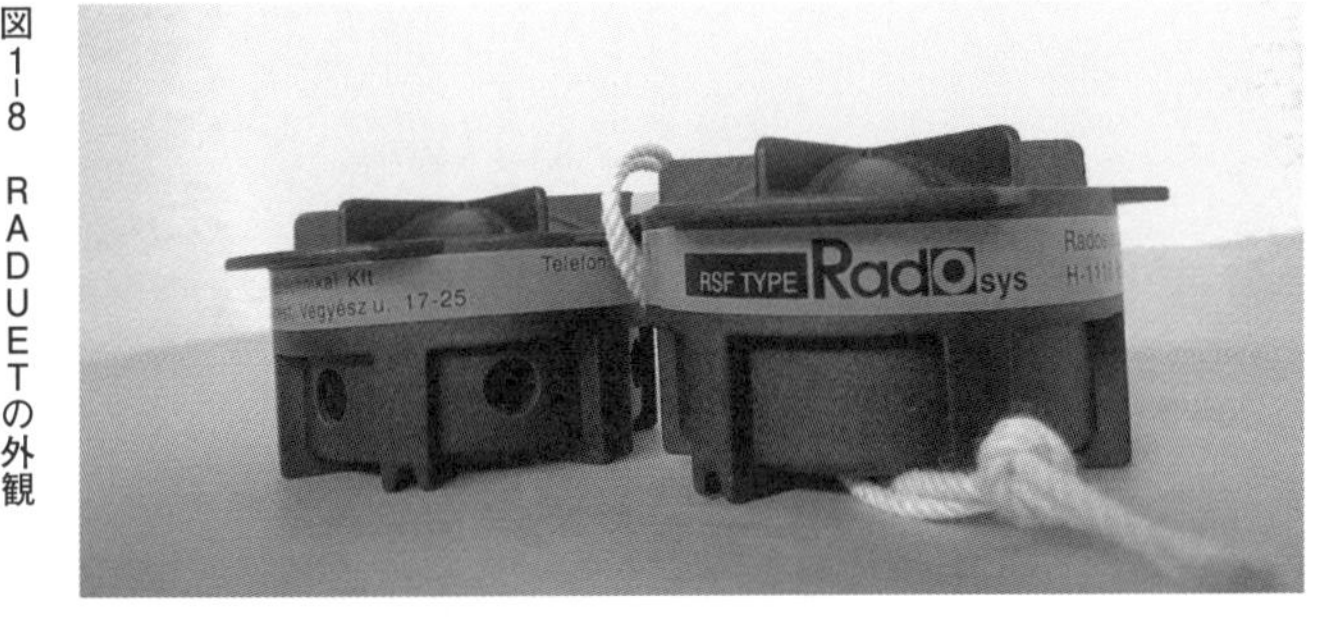

図1-8　RADUETの外観
左側の容器には穴が開いていてラドンとトロンが容器内に入るようになっています。一方、右側の容器には穴が開いていないのでラドンのみが容器内に入ります。

研究室の留学生や学生たちは毎日顕微鏡を覗いてはエッチピット数を数えています。これは非常に大変な作業です。そこで、最近ではデジタルカメラを光学顕微鏡に設置してエッチピットの写真（図1-9）を撮り、インターネットでダウンロードをすることができるフリーソフトウェアを使ってその数を計数する効率的なシステムを構築しました。このシステムの構築は今までの苦労を糧に、品質を低下させずいかに効率を上げるかを追求した賜物です。私たちの研究室には日々、欧州、アフリカ、アジアの各国から分析依頼が来ますので、このシステムの構築によって解析能力が非常に高くなり、海外の共同研究機関からも大変好評です。

ところで、話をRADUETに戻します。なぜ、この測定器が国内外の重要なプロジェクトに利用されているのかについて少し説明しましょう。過去実施されたラドンによる肺がんリスクの疫学研究で使用されたラドンモニタの中には、ラドンのみでなく同時に存在しているトロンも検出されているものがあることが私たちの実験によって初めて見い出されました。つまり、それらの疫学研究で得られたラドンの被ばくに対する肺がんリスクは過小評価されていることを意味します。もう少し具体的に説明しましょう。説明を簡単にするために、その疫学研究で使用されたラドンモニタではラドンと同じ量のトロンが検出されることが後になって分かったとしましょう。それは、ラドン濃度が一立方メートル当たり一〇〇ベクレルであったと思ったら、実はその半分の一立方メートル当たり五〇ベクレルはトロンによるものので、実際のラドン濃度は一立方メートル当たり五〇ベクレルであったことを意味します。つまり、この疫学研究で見出された肺がんのリスクは実は半分のラドン濃

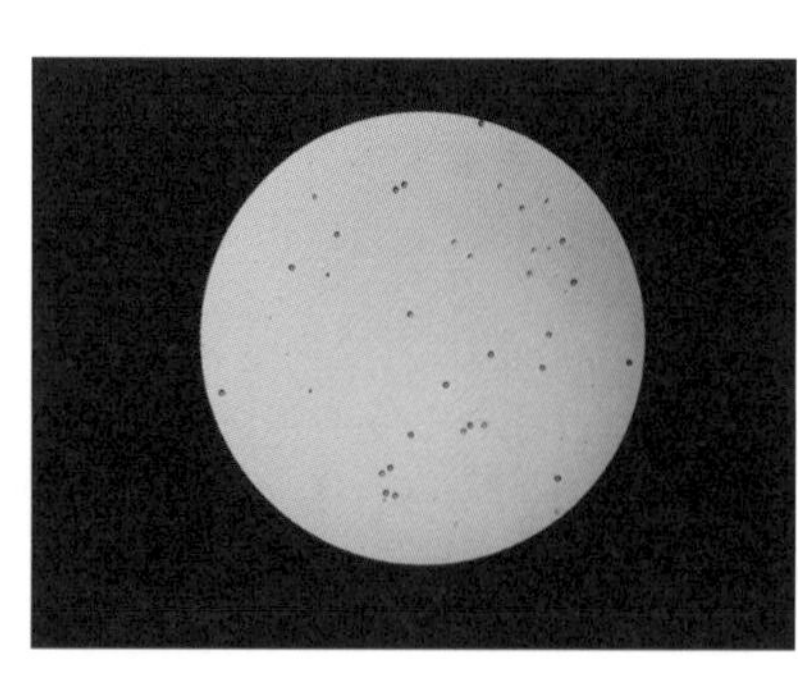

図1-9　固体飛跡検出器（CR-39）にラドンを曝露させ、強アルカリ溶液を用いた化学エッチング処理後に光学顕微鏡で観察したエッチピット画像
複数見える点像がエッチピットです。

度でのリスクということになります。この事実を世界に発信し、認識してもらうのには相当年月を要しましたが、最近ではラドンとトロンとを区別して計測する重要性について多くの研究者に認識してもらえるようになりました[11]。

さて、どのようにしてＲＡＤＵＥＴでラドンとトロンとを弁別しているのでしょうか。放射線物理学の知識があれば実は単純なのですが、これは「コロンブスの卵」と同じで、床次が発表するまでは意外にも誰も気が付かなかったのです。**図１-８**に示したように、ＲＡＤＵＥＴは二つの容器のセットでできており、それぞれの容器の底にＣＲ-３９が一枚ずつ貼り付けられています。片方の容器の壁には六個の小さな穴が開いています。もう片方にはその穴はありません。前述のようにラドンの半減期は三・八日ですが、トロンは五五・六秒とあっというまに壊変して別の放射性核種（固体）に変わってしまいます。つまり、穴の開いていない容器の中に入るまでに時間がかかるので、半減期の長いラドンだけが入ってきてＣＲ-３９に傷を作ります。一方、穴が開いている容器は空気の出入りがしやすいのでラドンだけでなくトロンも入ってきてＣＲ-３９に傷を作ります。どちらのＣＲ-３９にも傷はできますがその傷の要因はこのように大きく異なります。こうしてＲＡＤＵＥＴではラドンとトロンとを分けて評価することが可能になったのです。

国際的にＲＡＤＵＥＴが使用されるようになった要因はこれだけではありません。いくらラドンとトロンとが弁別して測定できたとしても、得られる値が信頼できるものでなければ意味はありません。測定器の信頼性を得るためには較正機関*による放射線測定器の定期的な較正が必要となります。私たちはラドンやトロン測定

較正機関
較正とは、基準値に対して測定値が正しい値となるように補正する作業のことをいいます。この作業ができる機関を較正機関といいます。

器の較正ができるように較正場を構築しました（**図1-10**）。わが国でラドンとトロンの較正場を持っているのは私たちの研究室と国立研究開発法人量子科学技術研究開発機構のみです。国際的に見ても、現在稼働している較正機関はドイツにあるドイツ連邦放射線防護庁（ＢｆＳ）やイギリスの英国健康保護庁（ＨＰＡ）くらいです。私たちは、ＢｆＳの協力を得て高い信頼性を担保しています。

私たちの較正場で使用している線源はラドン用では岩石標本、トロン用ではキャンプなどに用いられているランタンマントルです。ランタンマントルには発光量を高めるために微量のトリウムが含まれており、トリウムが壊変をしていくことでトロンが生成されます。最近では、トリウムを使用しなくても十分な発光が得られるため、トリウムを含んだランタンマントルは手に入らず、現在研究室にあるものは大変貴重なものとなってしまいました。このように、私たちの較正場では放射線関連の法規制を受けることがない材料を線源として使用しており、この点でも他の研究機関とは異なるアイデアが多く含まれています。その他、家屋内にラドンモニタを長期間設置するとなると、①電源が不要、②音や臭いがしない、③熱をもたない等の配慮が必要となりますが、ＲＡＤＵＥＴはそれら全てを満たしています。このようなことから、私たちが開発したラドンモニタは国際的に広く使用されています。これからも、私たちのアイデアを駆使した放射線測定器を開発していきたいと考えています。

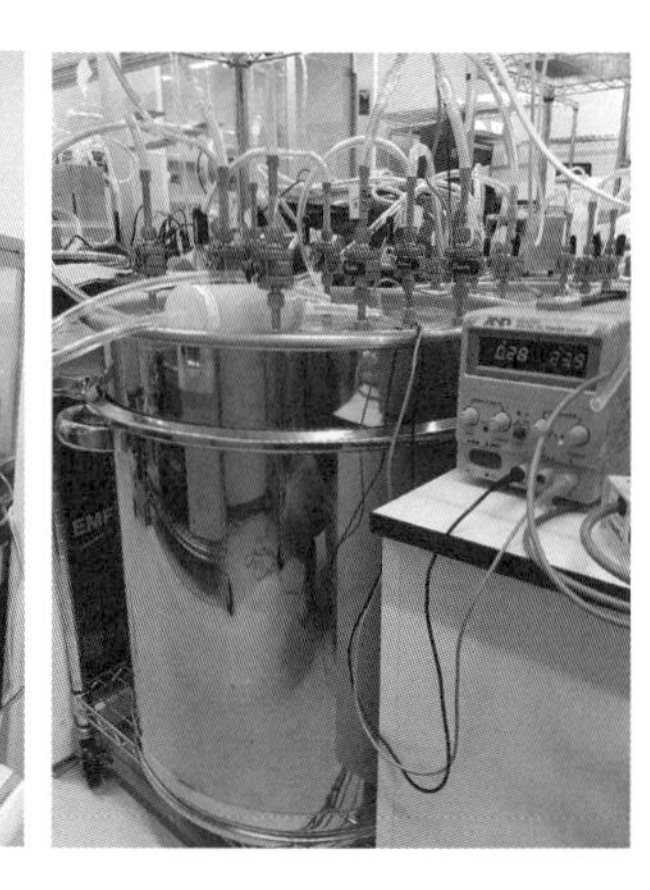

図1-10　私たちが構築したラドン較正場（左）とトロン較正場（右）
ラドン較正場の中の手前に見えるもの（破線の楕円で示している）は基準となるラドンモニタで、ドイツの研究機関との比較実験によって信頼性が担保されています。右図のステンレスタンクがトロン較正場で、この中に較正をしたい測定器を封入します。

ラドンをトレーサとした研究の紹介

これまで、ラドンは肺がんのリスク要因であることから、内部被ばく線量を評価するための研究について紹介しました。ラドンは、その被ばくによる線量評価や影響研究のみでなく、トレーサとして大気や地震などの研究にも利用されています。トレーサとは、放射性物質などを利用して、大気や地下水などの動きを追跡することをいいます。ラドンは、前述のように半減期が約四日間と比較的長いことから、トレーサとして大気中の汚染物質の動きの予測や地震・火山活動の予測などに利用されています。

一九九五年に発生した兵庫県南部地震の直前に、東京大学の研究グループが実施していた調査で西宮市の地下水中のラドン濃度が上昇したことが報告されました[12]。同様に、神戸薬科大学の研究グループは、兵庫県南部地震の直前に大気中のラドン濃度が上昇し、地震後に平常値に戻ったことなどを報告しています[12]。現段階では、地震予知にラドンの観測結果が使えるとまではいえず、さまざまなケースに対するデータを蓄積しているのがこの研究の現状です。もし、ラドンを長期間観測することで大規模な地震の予知ができるようになれば、地震大国といわれる日本の防災に大きく貢献できる可能性があります。

ここからは、私たちが行っているラドンをトレーサとして利用した研究の一部を紹介します。私たちは、現在も活発に活動している鹿児島県の桜島周辺の家屋にラドンモニタや気象観測装置などを設置させて頂いています。そこでは、地表面から出てくるラドンや気象関連情報等を連続的に取得しています（図1-11）。最近は企

図1-11　桜島の噴火（二〇一七年九月十八日撮影）とラドンや気象観測装置の設置の様子

業の協力も得られ、揺れを感知する感震センサも設置しデータを取り始めました。火山活動との関連性についてはまだ議論できる状況にはありませんが、地表面から放出するラドンと二酸化炭素の濃度の変動がよく一致することが分かりました。二酸化炭素は温室効果ガスの一種でもあり、火山活動との関連性のみでなく、地球温暖化の予測にも貢献できる可能性が出てきました。

福島第一原発事故後の被ばく状況調査

外部被ばく線量の調査

二〇一一年三月十一日に発生した東北地方太平洋沖地震にともなって福島第一原発事故が起こりました。弘前市内も地震直後から一日程度停電をしました。停電復旧直後に大学から電話が入り、私たちは大学院保健学研究科の研究科長室に集められました。そこで、私たちに文部科学省からの要請が入り次第、福島県に住民の避難支援に入ってほしいとの命令が下りました。その際に、被ばく医療の視点から後世に役立つデータを取得し公表することも私たちの任務として与えられました。とはいえ、床次が二〇一一年一月、細田がその翌月に弘前大学に着任したばかりで、放射線計測や、環境試料中の放射能を分析するための装置はほとんどありませんでした。

私たちは、わずかな数のサーベイメータやスコップ、小型ポンプやフィルタを持参して二〇一一年三月十五日に福島市内に向かいました。しかし、東北自動車道花輪サービスエリアで休憩中に、福島第一原発四号機で水素爆発が起こったため大学に戻るようにとの指示がありました。そのため、災害対策本部から別途要請があった床次を残して他のメンバーは大学に戻りました。翌朝、既に福島市入りしていた床次から細田に至急福島市内に来て放射線状況を把握する必要があるとの連絡がありました。そこで、翌三月十六日に細田と数名の教員とで、当時の柏倉幾郎・放射線生命科学領域代表（現・被ばく医療担当副学長）に何とか福島市内に立ち入ることができるようにお願いをしました。色々なやりとりをしている間に文部科学省から再度要請が入り、私たちも福島市内に立ち入ることができました。その際、持参できた放射線測定器はシンチレーションサーベイメータと電子式個人被ばく線量計でした。そこで、同乗者の教員と相談し、移動中の走行サーベイと支援者の個人被ばく線量を継続的に取ろうということにしました。

当時持っていたシンチレーションサーベイメータは設定した時間で放射線による計数値（カウント）を測定できるもので、私たちは大学を出発してから福島市内の目的地に着くまでの八時間以上の間、一分間隔でデータを取り続けました。同時にＧＰＳで一分間隔のデータを取ることで、大学に帰ってから位置情報と放射線によるカウントとを関連付けました。後で、補正をしてカウントから空気吸収線量率へと換算しました。正直なところ一人で八時間以上、一分間隔のデータを取り続けるのはとても疲れましたが、ひとえに現状を把握しなくてはならないという使命感がありました。その後、弘前市から福島市までの走行サーベイは定期的に行いました。

この調査で得られた結果を解析してみると、一回目（三月十六日）の調査結果と比べて二回目（四月十一日）の調査において岩手県南部での空気吸収線量率が上昇していることが分かりました。[13] 後にシミュレーションの結果が報告され、三月二十一日に放出された放射性雲*が岩手県南部地方に到達していることが分かり、私たちの走行サーベイの結果はこの影響を反映しているのだと理解しました。

この調査を繰り返すなかで、自動的に放射線データを取得できるようにならないかと国内の放射線測定器メーカーに相談しました。その結果、現在では任意の時間間隔で測定値と位置情報を連続的に計測できるシステムが開発され、私たちも前述の国内外の調査にも使用しています。私たちは自然放射線研究を長年行ってきましたが、ここで培った経験と実績があったからこそ、装置が潤沢にないような状況であっても工夫することで、事故直後でしか取得できない情報を得ることができたのだと思います。

内部被ばく線量の調査

福島第一原発事故直後より、私たちは現地に入り住民の避難支援を行うとともに、放射線被ばく状況を把握するための環境放射線モニタリングや環境試料のサンプリングと放射能分析を行ってきました。このような活動のなかで、床次は以前より親交のあった共同研究者から住民の甲状腺被ばく調査の実施の可能性について連絡を受けました。

原子炉内では核分裂によって放射性セシウム（質量数が１３４、１３６や１３７）や放射性ヨウ素（質量数が１３１、１３２や１３３）などといったさまざ

放射性雲

気体もしくは粒子状の放射性物質が大気中を雲のような塊となって流れる現象のことで、放射性プルームともいいます。大気中の放射性物質は雨や雪などに取り込まれ、地表面や建物など私たちの生活環境中に沈着します（これを、湿性沈着といいます）。雨や雪などに取り込まれることなく、大気中から直接、放射性物質が沈着することを乾性沈着といいます。湿性沈着や乾性沈着によって放射性物質の汚染が引き起こされます。

まな放射性核種が生成されます。チェルノブイリ原子力発電所事故では、事故によって放出された放射性ヨウ素による内部被ばくが原因で、多くの子どもたちが甲状腺がんになりました。私たちは、甲状腺被ばく線量調査の重要性は理解しておりましたが、今まで自分たちでそれを実施した経験がありませんでした。そこで、内部被ばく線量評価の世界的な第一人者であり、以前より共同研究を通じて親交のあったアメリカの教授に電子メールによって連絡し、甲状腺モニタリングの手順と評価方法について指導を受けました。

[*]ガンマ線スペクトロメータがあれば甲状腺中の放射能測定ができることが分かったので、当時汚染レベルが高かった地域の一つである浪江町津島地区に二〇一一年四月十一日に向かいました。ガンマ線スペクトロメータは自然放射線調査で私たちはよく使用しており、その使用や結果の解析は熟知していました。[*]四月十二日から避難せず残っている住民を対象に甲状腺被ばく線量調査を実施しました。[14] 浪江町の土地勘もなく知り合いもいない状況でしたので、人に出会うたびに声をかけていきました。最初に調査協力をして頂いた御夫婦からの紹介によって甲状腺被ばく線量調査は拡大していきました。母親と子どもだけが浪江町外に避難しており、一時的に津島地区に戻ってきている方にも声をかけましたが、放射線測定器を持った男性のみの集団に対して抵抗感があったのか、測定の了承を得ることができないこともありました。別の記事[15]にも書きましたが、このような調査を行う際には、例えば保健師のような資格を持った女性もチームに入り同行することも必要であったのかもしれません。私たちだけで一〇〇名を超えるような住民の調査をすることには限界

ガンマ線スペクトロメータ
　ガンマ線のエネルギー分布を計測する測定器のことです。ガンマ線スペクトロメータを使うことで、どのようなエネルギーをもつガンマ線が存在しているのかを把握することができます。さらに、スペクトル（エネルギー分布）を解析することで放射能を評価することもできます。

四月十二日から避難せず残っている住民
　当時はまだ全員が避難をしていたわけではなく、残っている人たちも結構いました。われわれの調査期間中には自衛隊員が避難指示について書かれたチラシを残っている住民に配布し、避難を促していました。

て調査を行いました。

があります。諸般の事情もあり、四月十五日までの四日間で十七名の成人に対して調査を行いました。

当時、私たちは福島市内にある同じホテルを拠点に活動をしていました。このホテルでは南相馬市からの避難者も宿泊しており、避難者の一人から私たちがいつも何をしに来ているのかと質問されました。そこで、色々と話をしたところ、このホテルへの避難者に対しても甲状腺被ばく線量調査をしてほしいと依頼されました。そこで、翌日の朝食後に希望者に対して説明会を行いました。その後、ホテルの協力を得て、カラオケ施設の中に測定器を載せるテーブルの代用としてビール箱を設置して測定会場を特設しました（**図1-12**）。

カラオケ施設内の空気吸収線量率は屋外の空気吸収線量率と比べて十分に低く、自然環境中と同様のレベルでした。そこで、乳幼児を含む四十五名に対して調査を実施し、合計で六十二名の方々の甲状腺被ばく線量を把握することができました。このように住民の甲状腺線量を直接評価したグループは私たちだけで、現在でもこのデータがさまざまな研究において基準となっております。データの詳細については新聞やテレビ等で大きく報道されましたが、六十二名の方々の甲状腺被ばく線量は最大値でも三十三ミリシーベルトでした。一九八六年に旧ソ連で起こったチェルノブイリ原子力発電所事故の避難者の平均値（四九〇ミリシーベルト）と比べて十分に低いことが分かると思います。

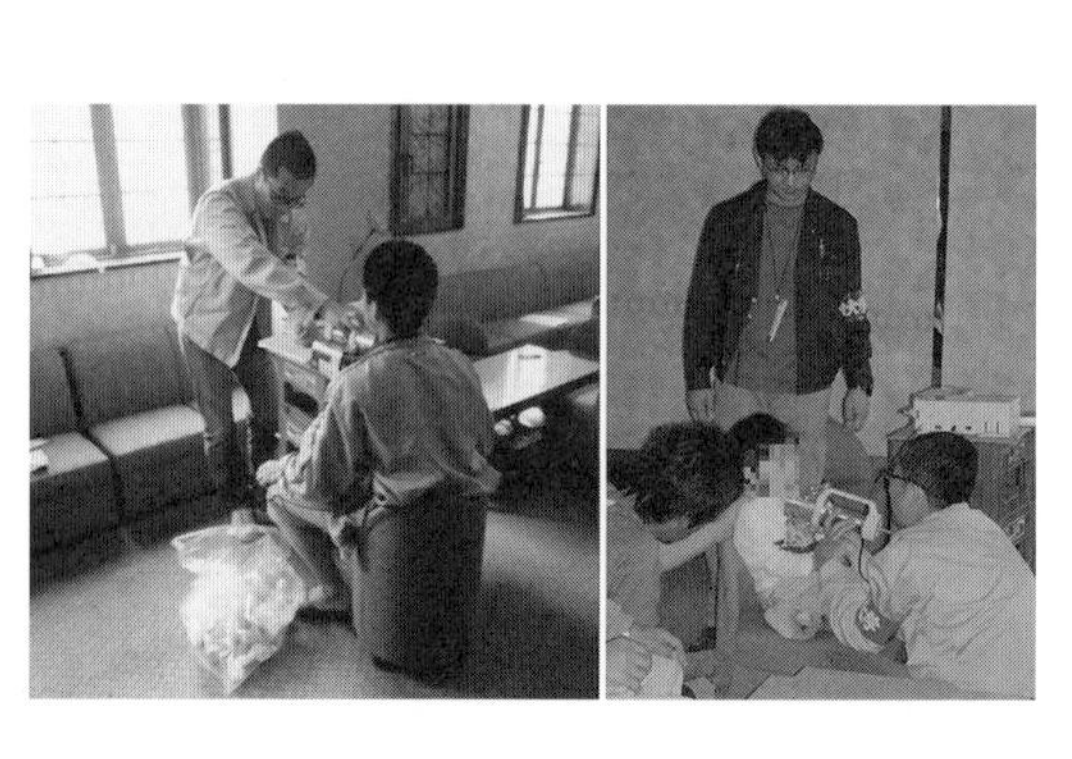

図1-12　福島市内のホテルで実施した甲状腺被ばく線量調査の様子
写真に見えるように、ビールケースを検査台として調査を行いました。（参考文献16より転載）

おわりに

二〇一一年三月十一日に起こった福島第一原発事故は、私たちのような自然放射線研究を行う研究者に原子力災害時に何ができるのか、何をしなくてはいけないのかを改めて考えさせる機会となりました。第一章では、福島第一原発事故後の私たちの福島での活動の一部を紹介しました。これらの活動を通じて、二〇一一年九月二十九日に弘前大学は双葉郡浪江町と連携協定を締結しました。私たちは現在も放射線研究者として、帰還された住民の健康管理の一環として被ばく線量評価を実施しています。住民の皆さんが安心して生活ができるように、住民の方々のニーズにあった支援を実施していきたいと考えています。また、自然放射線源からの被ばくに関する情報は、福島第一原発事故による追加被ばくの比較対象となります。これらの研究成果を活用して、放射線被ばくによる健康不安を感じている方々への放射線リスクコミュニケーションを継続したいと思います。

（細田正洋、床次眞司）

もっと詳しく知りたい人へのおすすめ書籍

①　床次眞司監修、山村紳一郎著『やさしくわかる放射線　実験・観察で放射線を理解しよう！』誠文堂新光社、二〇一三年
②　森内和之『放射線ものがたり』裳華房、一九九九年
③　飯田博美・安齋育郎『放射線のやさしい知識』オーム社、二〇〇〇年

こぼれ話

「宇宙からやってくる放射線」

以前、床次は宇宙線を測定できる測定器を担いで富士登山をしたことがあります。一方、細田は同じようにして立山・黒部アルペンルートを旅行しました。その結果、富士山頂（三、七七六メートル）の宇宙線による被ばく線量は地上ゼロメートルの四倍程度あり、立山山頂（三、〇〇四メートル）では三倍程度であることが分かりました。このように標高が高くなると地上よりも宇宙線による被ばく線量は高くなります。

ということは、飛行機に頻繁に搭乗しているパイロットや客室乗務員の被ばく線量はどうなるのでしょうか。一般に、飛行機が飛んでいる約一万メール上空では、地上の百倍程度の被ばく線量になるといわれています。私たちは自然界の放射線源から一年間で平均して二・一ミリシーベルトの被ばくを受けていることは既に説明しました。二〇〇七年度のパイロットと客室乗務員が搭乗によって受ける一年間の実効線量の平均値は、それぞれ約一・七ミリシーベルト、二・二ミリシーベルトであることが分かりました。それぞれの最大値も評価されましたが、文部科学省の「航空機乗務員の宇宙線被ばく管理に関するガイドライン」による管理目標値である一年間で五ミリシーベルトを超える人はいませんでした。

　さらに高いところはどうでしょうか？　つまり、宇宙飛行士の被ばく線量はどの程度なのでしょうか。国際宇宙ステーションに滞在中の宇宙飛行士の被ばく線量は、壁の厚さ、高度、太陽活動の程度によって変わりますが、一日あたり〇・五から一ミリシーベルト程度あるといわれています。宇宙線による被ばくの話からはそれますが、宇宙飛行士の訓練のなかには洞窟内で一週間程度活動する訓練があるようです。実は、この洞窟内での訓練によるラドンからの被ばくも現在問題となっていて、私たちはこの問題解決に向けて積極的に情報発信をしています。

参考文献

1　公益財団法人原子力安全研究協会『新版生活環境放射線（国民線量の算定）』公益財団法人原子力安全研究協会、二〇一一年
2　湊進「日本における地表γ線の線量率分布」『地学雑誌』一一五巻、二〇〇六年、八七－九五頁
3　Furukawa. M. and Shingaki. R. Terrestrial gamma radiation dose rate in Japan estimated before the 2011 Great East Japan Earthquake. Radiat. Emer. Med. 2012; 1: 11-16.
4　藤元憲三・Keran O'Brien「我が国における宇宙線からの線量評価」『保健物理』、三七巻 四号、二〇〇二年、三二五－三三四頁
5　World Health Organization. WHO Handbook on Indoor Radon-A Public Health Perspective, Geneva, Switzerland.
http://whqlibdoc.who.int/publications/2009/9789241547673_eng.pdf
6　United Nations Scientific Committee on the Effects of Atomic Radiation. Sources and Effects of Ionizing

Radiation. UNSCEAR 2008 Report, Volume 1. Report to the General Assembly with Scientific Annexes. http://www.unscear.org/docs/reports/2008/09-86753_Report_2008_Annex_B.pdf

7 水産庁『平成20年度　水産白書』第1章 特集2-1（1）「肉類と魚介類の摂取量が逆転」 http://www.jfa.maff.go.jp/j/kikaku/wpaper/h20/pdf/h_1_2_1.pdf

8 Iyogi T, Ueda S, Hisamatsu S, et al. Environmental gamma-ray dose rate in Aomori prefecture, Japan. Health Phys. 2002; 82: 521-526.

9 Hosoda M, Inoue K, Oka M, Omori Y, Iwaoka K, Tokonami S. Environmental Radiation Monitoring and External Dose Estimation in Aomori Prefecture after the Fukushima Daiichi Nuclear Power Plant Accident. Jpn. J. health Phys. 2016; 51: 41-50.

10 Tokonami S, Takahashi H, Kobayashi Y, et al. Up-to-date radon-thoron discriminative detector for a large scale survey. Rev. Sci. Instrum. 2005; 76: 113505.

11 Tokonami S. Why is ^{220}Rn (thoron) measurement important? Radiat. Prot. Dosim. 2010; 141: 335-339.

12 石川徹夫・安岡由美・長濱裕幸ら「地震とラドン濃度異常（I）—従来の観測例—」『保健物理』四三巻二号、二〇〇八年、一〇三-一一一頁

13 Hosoda M, Tokonami S, Sorimachi A, et al. The time variation of dose rate artificially increased by the Fukushima nuclear crisis. Sci. Rep. 2011; 1: 87.

14 Tokonami S, Hosoda M, Akiba S, et al. Thyroid doses for evacuees from the Fukushima nuclear accident. Sci. Rep. 2012; 2: 507.

15 床次眞司・細田正洋・岩岡和輝・工藤ひろみ「弘前大学による福島県浪江町復興支援プロジェクトの概要」『保健物理』五〇巻一号、二〇一五年、一一-一九頁

16 Tokonami S, Hosoda M. Thyroid equivalent doses for evacuees and radiological impact from the Fukushima nuclear accident. Radiat. Meas. 2018; 119: 74-79.

第2章

被ばく線量評価と野生動物における放射線生物影響研究

東京電力福島第一原子力発電所事故から何を学んだのか?

二〇一一年三月十一日に東北地方太平洋沖地震が起こり、それに伴い東京電力福島第一原子力発電所（以下、福島第一原発という）事故が発生しました。事故発生から約八年が経過した現在でも放射性物質による汚染や健康不安は続いています。東日本大震災を経験し、私たちは何を学んだのでしょうか。ここでは、福島県浪江町における野生動物調査や住民の染色体解析を通した住民との出会いのなかから学んだことや、私たちが取り組んでいる染色体異常から放射線被ばく線量を推定する細胞遺伝学的線量評価という分野において明らかになった課題について紹介します。

放射線と生物影響

一八九五年にドイツの物理学者であるヴィルヘルム・コンラート・レントゲン博士がX線を発見し、人類の放射線利用の歴史がスタートしました。やがて、レントゲン博士が発見したX線は、X線写真として医学に応用されました。しかし、X線照射による放射線皮膚傷害や慢性潰瘍からの発がんも報告されるようになり、放射線の人体影響が報告されるとともに放射線利用における管理対策が議論されるようになりました。

放射線の影響を受ける主な分子として生命の設計図であるデオキシリボ核酸（DNA）があります。DNAの基本単位であるヌクレオチドは塩基、糖、リン酸から構成されます。DNAに使われる塩基はアデニン（A）、グアニン（G）、シトシン（C）、チミン（T）の四種類があり、この塩基の並び（塩基配列）が遺伝暗号となり、遺伝子として働きます。ＤＮＡはとても細長い分子で、合計二メートルにもおよぶＤＮＡが折りたたまれて直径一〇マイクロメートル前後のヒト細胞核に梱包されています。細胞が分裂するとき、この長いＤＮＡはさらに太く短く折りたたまれ、染色体と呼ばれる構造をとります。つまり、染色体は遺伝子の器ということになります。

　放射線に被ばくした細胞では直接的または間接的にＤＮＡが損傷され、細胞に備わったＤＮＡ修復機構によって修復が困難な場合や、誤った修復を受けた損傷の程度によっては細胞が死に至ります。放射線が「がん」の治療に用いられるのはこのためです。組織を構築している細胞が放射線に被ばくして死に至ると、その組織の機能が失われ、個体に影響が現れます。細胞の種類によって放射線の感受性は異なり、骨髄細胞や白血球は最も感受性の高い細胞です。そのため、動物個体では一シーベルト以下の被ばくでも、被ばく後に末梢血リンパ球数の減少が認められます。さらに被ばく線量が高くなると、生体防御をつかさどる白血球数が激減するため、免疫力が低下して感染のリスクが増加します。腸管の上皮細胞も比較的放射線の感受性が高く、被ばく線量が高くなると当該細胞群が死滅して栄養や水分の吸収に障害が現れます。この症状は急性放射線症候群の典型的な症状です。このように、一定の線量（しきい値）を被ばくすると必ず現れる影響は、確定的影響と呼ばれます。

　一方、遺伝子突然変異や染色体突然変異によって遺伝情報が変化したり、遺伝子の発現調節が変化したりすることにより細胞の増殖や機能が変化することがあります。この変化は必ず起こるわけではなく、被ばく線量に応じてその確率が増加することから、確率的影響と呼ばれます。放射線被ばくによる発がんなどが該当します。

染色体と放射線の関係に関する研究の歴史は比較的古く、一九二一年、ショウジョウバエを用いた実験で放射線が染色体へ影響を及ぼすという研究が報告されました。さらに放射線により損傷されたＤＮＡは染色体異常の原因となることが次々と報告されました。実験動物での染色体の解析や細胞培養技術が進歩すると、ヒトの染色体異常解析が可能となりました。さらに分子生物学の急速な進歩により、染色体異常と遺伝子との関係が明らかとなり、発がんやがん細胞の性状変化と染色体異常との関連が詳細に解析されるようになりました。現在、先天性異常や特定のがんに特有な染色体異常が数多く報告される一方、放射線被ばくによる染色体異常は特定の染色体に生じるのではなく、ランダムに生じることが知られています。

放射線被ばくと染色体異常

放射線被ばくによって細胞内のＤＮＡへ刻まれた傷跡はＤＮＡ損傷と呼ばれ、誤った修復（誤修復）の結果、染色体異常として現れます。したがって、私たちの体に刻まれた放射線被ばくの傷跡を染色体異常という形で検出することが可能となります。

通常、一本の染色体には、両末端にテロメア（telomere）と呼ばれる特定の配列（ヒトの場合はＧＧＧＴＴＡ）が多数繰り返された高度反復ＤＮＡ配列からなる領域と、セントロメア（centromere）と呼ばれる一カ所のくびれが存在します（図

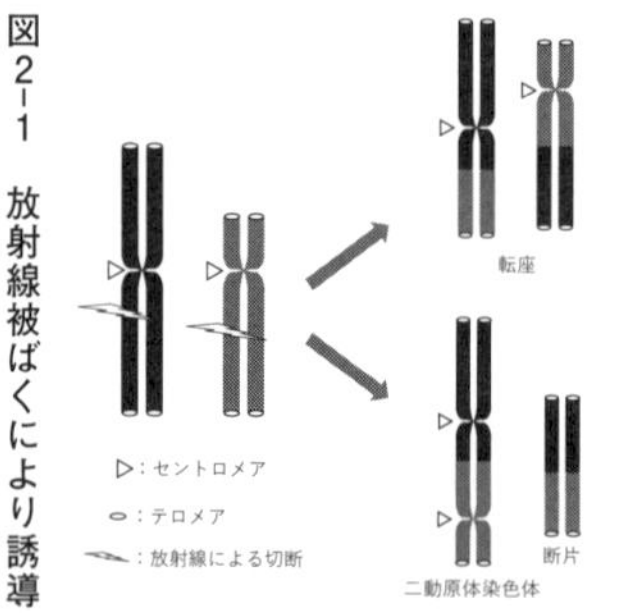

図2-1　放射線被ばくにより誘導される染色体異常

2-1）。

テロメアは染色体の末端を保護する役割を担っています。複数の染色体ＤＮＡが放射線被ばくにより切断されると、切断されたＤＮＡは不安定なため、生じた切断端同士が再結合（再構成）して安定化します。多くの場合、元通りの切断端同士が再結合するため、その影響は限りなく低くなります。しかし、元とは違った組み合わせで再構成されると、本来生まれながらにして持っている染色体とは異なる形の染色体が生じます。これを染色体異常といいます。代表的な染色体異常例としては、切断された複数の染色体断片が元とは異なる染色体と再結合し、一カ所のセントロメアと両末端にそれぞれテロメアを持つ、一見正常な新しい染色体が形成される転座（translocation）があります（図2-1）。このような染色体変異を安定型染色体異常といいます。

転座が生じた染色体は、染色体の分配や細胞周期の進行に不可欠な成分であるセントロメアとテロメアを正しく持っていますので、転座陽性細胞では正常に細胞分裂が進行します。転座が生じた細胞は細胞分裂時に排除されないことから、転座の生物学的半減期（生体内でその数が半分になる時間）は非常に長く、五〇年以上と推定されています。ヒトの寿命よりも長いという報告もあります。したがって、過去の被ばくを遡って解析することが可能です。

セントロメアは分裂時に二つの娘細胞に染色体を均等に分配するために必要な構造で、細胞分裂の際、微小管からなる紡錘糸がこの部分を両極へ引っ張るようにして染色分体を二個の娘細胞に分配します。染色体は遺伝的に等しい二本の姉妹染色分体から構成されていますので、姉妹染色分体が二個の娘細胞に正しく分配されることで、細胞分裂によって生じる娘細胞は、元の母細胞と遺伝的に等しい細胞となります。放射線被ばくにより複数の染色体が切断され、セントロメアを持った断片同士が再結合すると、一本の染色体に二カ所のセントロメアを持つ二動原体染色体(dicentric chromosome, Dic)とセントロメアを持たない断片同士が結合した染色体断片(fragment)が形成されます(**図2-1、2-2**)。二動原体染色体はセントロメアを二つ持つため、両方の動原体タンパク質に紡錘糸が結合し、細胞分裂が正しく進行しないことがあります。また、セントロメアを持たない断片には紡錘糸が結合できないため、染色体の分配時に取り残されることになります。取り残された断片が微小核となり、娘細胞に取り込まれることがありますが、この断片に含まれるＤＮＡは一方の娘細胞に偏るため、娘細胞間のＤＮＡの均質性を失うことになります。**図2-2**に示すような二動原体染色体が生じた細胞は、細胞分裂時に染色体の分配に異常をきたし、死滅することがあります。そのため、転座に比べて生物学的半減期は短く、一年半~三年程度と推定されています。

細胞遺伝学的線量評価

染色体異常頻度は被ばく線量と正の相関を示すことから、染色体異常の頻度が被ばく線量の「ものさし」となります。ここでは、弘前大学被ばく医療総合研究所放射線生物学部門と保健学研究科生体検査領域の教員からなる任意団体・弘前大学染色体研究グループが取り組んでいる細胞遺伝学的線量評価について述べたいと思い

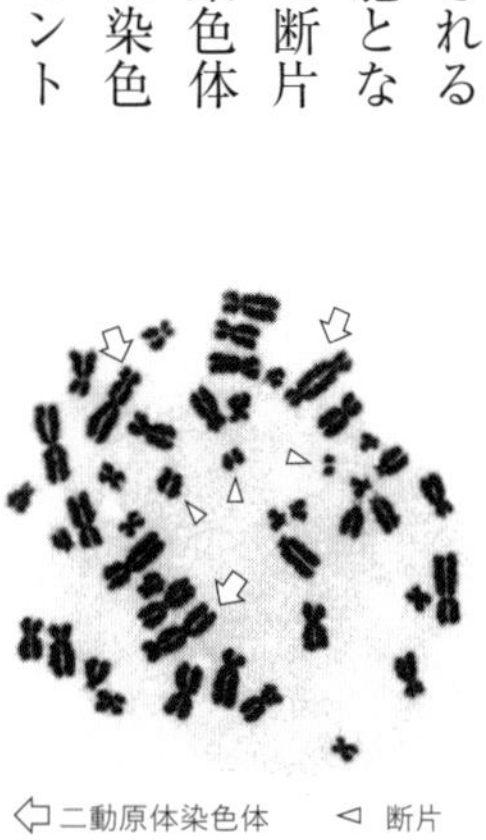

二動原体染色体　断片

図2-2　放射線に被ばくした細胞で観察された染色体異常例

ます。

放射線被ばく事故が発生した時、医師は被ばく線量に応じて今後発症する症状を想定して治療計画を立案します。放射線業務に携わる職員は個人線量計を携帯しているため、被ばく事故が発生した際、各自の被ばく線量を把握することが可能です。一方、個人線量計を携帯していない住民やその他の職員の被ばく線量は不明ですので、医師が治療において被ばく線量の情報を必要とした場合、被ばく線量の情報を何らかの方法により得る必要があります。

私たちの体に刻まれた放射線被ばくの傷跡は染色体異常という形で検出することが可能となります。さらに、染色体異常の頻度は被ばく線量に相関することから、染色体の異常頻度から、個人の被ばく線量を推定することができます。このように、生体試料を用いて被ばく線量を推定する方法を生物学的線量評価（biodosimetry）といいます。個人線量計を携帯していない患者さんの被ばく線量情報が必要な場合には、生物学的線量評価が有効になります。そして、生物学的線量評価のなかで、染色体異常およびそれに付随する変化を指標として行われる線量評価を細胞遺伝学的線量評価といいます。

二動原体染色体は、放射線被ばくに特異性が高く、また、自然発生頻度が低いことから、生物学的線量評価の良好な評価指標として用いられます。二動原体染色体を評価指標とした線量評価法（二動原体染色体法 dicentric chromosome assay, DCA）は、四〇年以上に渡り生物学的線量評価における国際的標準法（ゴールドスタンダード）として用いられています。前述の通り、二動原体染色体の生物学的半減期は一年半〜三年程度と推定されていますので、二動原体染色体法は、直近（数ヶ月以内）の被ばく事故時の線量評価に用いられます。

細胞遺伝学的線量評価では、一般に末梢血を採取し、そのなかに含まれ、体を感染などから防ぐ働きを持つ末梢血リンパ球に生じた染色体異常を解析します。染色体が観察できるのは細胞周期の分裂期です。分裂期のなかでも、染色体が太く短くなり、細胞の赤道面に並ぶ分裂中期が染色体解析に最も適しています。しかし、末梢血リンパ球は通常、細胞分裂をしていませんのでそのままでは染色体を観察できません。そのため、血液を分裂促進剤（mitogen）であるフィトヘマグルチニン（phytohemagglutinin, PHA）で刺激し、四十八時間培養します。四十八時間培養の間に、刺激を受けたリンパ球は通常一〜二回（多くは一回）分裂します。この時、不安定型染色体異常である二動原体染色体陽性細胞は死滅する恐れがあり、本来、検出されるべき二動原体染色体が検出できずに、見かけ上の染色体異常頻度が低下することになります。染色体異常頻度から被ばく線量を推定しますので、実際の被ばく線量よりも少ない線量が導かれることになります。そこで、末梢血リンパ球を分裂促進剤で刺激後、最初の細胞分裂の分裂中期（metaphase）で細胞周期を止めるため、血液培養開始時から細胞分裂阻害剤であるコルセミド（colcemid）で処理します。病院の臨床検査で行われる染色体検査では、ダウン症など染色体の数的異常の先天性染色体異常や白血病の安定型染色体異常（転座など）を主として解析します。最初の細胞分裂の分裂中期を解析する必要がないため、コルセミドを添加するタイミングが細胞遺伝学的線量評価とは異なります。

臨床検査での染色体異常検査と細胞遺伝学的線量評価のもう一つの大きな相違点は、解析する細胞の数です。臨床検査では、二〇個の分裂中期細胞を解析するのに対し、細胞遺伝学的線量評価では一般に五〇〇～一、〇〇〇細胞の解析が必要となります。一〇〇ミリグレイ以下の低線量被ばくでは、さらに多くの細胞を解析しなければなりません。そのため、近年、分裂中期細胞の顕微鏡写真を自動で撮影する装置が開発され、数千枚の顕微鏡写真を比較的短時間（とはいっても数時間を要します）で撮影し、効率的に染色体を解析するシステムが進化普及しています。顕微鏡画像の自動撮影システムなくして細胞遺伝学的線量評価は現実的に不可能です。

細胞遺伝学的線量評価の国際的取り組み

レントゲン博士のX線発見以降、多方面へその応用が拡大した放射線の利用は平和目的にとどまりませんでした。一九四五年、広島と長崎に原子爆弾が投下され、急性の放射線障害だけではなく、遅れて発症する晩発障害が観察されました。また、一九五四年、ビキニ環礁でアメリカ軍の水素爆弾実験によって発生した多量の放射性物質を浴びた遠洋マグロ漁船「第五福竜丸」の乗組員二十三名が被ばくし、多くの乗組員が急性放射線障害を発症しました。第五福竜丸乗組員の被ばく線量は一・七～六・六グレイと推定されていますが、どのようにして被ばく線量が推定されたのかを示す詳細な記録が見当たらないようです。参考までに、放射線関連事故の場合、放射線源から発生する放射能の強さ（ベクレル）や生体への影響を含めた影響の強さ（シーベルト）は不明です。また、人体への影響は放射線の種類（線質）

によって大きく異なりますが、事故被ばくでは詳細な解析が困難な場合があります。そのため、被ばく線量は生体がどれだけ放射線のエネルギーを吸収したかを表す単位（グレイ）で表されます。

一九六二年、アメリカ・ワシントン州ハンフォードのプルトニウム回収施設で発生した臨界事故において、初めてヒトの末梢血リンパ球における染色体異常解析をもとに、被ばく線量評価が行われました。臨界事故では、中性子を放出しつつ核分裂反応が連鎖的に進むことにより大量の放射性物質が放出されます。この事故を機に、染色体異常解析をもとに、被ばく線量を推定する細胞遺伝学的線量評価の取り組みが国際的に行われるようになりました。一九六〇年代中頃に基本的技術が確立され、その後、一九八六年のチェルノブイリ原子力発電所事故や一九九九年の東海村ＪＣＯ臨界事故においても細胞遺伝学的線量評価が行われました。東海村ＪＣＯ臨界事故では被ばく患者三名のうち二名は大量の放射線に被ばくしたため、二動原体染色体頻度を解析するために血液培養を行っても、二動原体染色体を解析するために必要な数の分裂中期像が得られませんでした。大量の放射線を被ばくした患者の多くの末梢血リンパ球では、細胞周期は染色体構造を観察できる分裂期の前で停止してしまい、細胞分裂を正しく進めるための監視機構（チェックポイント）の働きにより細胞が分裂期に入ることを許されず、その前の細胞周期（G_2期とよばれる分裂を準備するステージ）で細胞分裂が停止されます。そこで、急遽、G_2期の細胞に対して染色体凝縮を誘導して染色体異常を解析することが可能な早期染色体凝縮（ＰＣＣ）法が用いられました。

また、一九四七年に、広島と長崎に投下された原爆被ばく者の健康調査および被ばくの病理学的検査や研究を行う目的で原爆傷害調査委員会（ＡＢＣＣ）が開設され、被ばく者の染色体異常の解析が行われました。さらに、一九七五年に日米共同研究機関として設立された放射線影響研究所（ＲＥＲＦ）は、ＡＢＣＣの調査を引き継ぎ、広島および長崎で染色体解析を行いました。ＲＥＲＦは、原爆被ばくにより親の生殖細胞に安定型染色体が増加し、それが子どもに受け継がれているかどうかを調べるために、一九六七〜一九八五年に、両親の少なくともどちらか一方が被ばくしている子ども（被ばく群）と、原爆時に両親が市内にいなかった子ども（対照群）の染色体異常を解析しました。その結果、被ばく群と対照群の両群で安定型染色体異常が認められたものの、両群で認められた異常の大半は原爆被ばくによって新しく形成されたものではなく、どちらかの親がもともと持っている変異であることが確認されました。このことから、ヒトにおいては、放射線の遺伝影響は認められないという結論が得られています。

ハンフォードの臨界事故から始まった細胞遺伝学的線量評価において、それ以降に起こった事故や事件により国際的課題が追加されました。放射線関連事故に関する線量評価を管轄する国際原子力機関（ＩＡＥＡ）および世界保健機関（ＷＨＯ）は、当初、小規模の放射線関連事故を想定し、緊急被ばく医療における線量評価技術の確立および人材育成を行ってきました。その後、東海村ＪＣＯ臨界事故において生物学的線量評価のゴールドスタンダードである二動原体染色体法の有効線量範囲上限（五グレイ）を超える高線量被ばく患者を経験したことを契機に、高線量被ばく患者に対する線量評価法の確立が国際的課題となりました。さらに、二〇〇一年九月十一日にアメリカで発生した同時多発テロ事件により、これまで細胞遺伝学的線量評価の備えが不十分であった大規模放射線災害や一、〇〇〇人を超える被ばく患者への対応へと、国際的課題がシフトしました。この事件の経験から、線量評価の自動化システムの開発が求められるようになったと同時に、大規模事故の際には単独の国だけでは対応が困難となることが予想されるため、WHOにより国際的生物学的線量評価ネットワーク（BioDoseNet）が構築されました。この国際ネットワークには日本から弘前大学と放射線医学総合研究所の二つの機関が登録されています。

さらに、生物学的線量評価の国際的課題は、福島第一原発事故を契機に、低線量被ばく線量評価に移行しました。広島および長崎の原爆被ばく者の解析から、一〇〇ミリシーベルトを超えるとがんの発生リスクが増加することが報告されていましたので、生物学的線量評価において一〇〇ミリシーベルトを超える被ばく線量を推定する方法を検討してきました。しかし、福島第一原発事故で被ばくした多くの住民や作業員の被ばく線量は一〇〇ミリシーベルト未満であり、低線量被ばくへ対応可能な技術開発が求められました。生物学的線量評価の評価指標としては、放射線被ばくに対する特異性、線量依存性および安定性が必要となります。放射線被ばく特異性の低い評価指標では個人差が大きく、また、放射線被ばく以外の要因によっても事象が発生するため、低線量被ばく線量評価への適応が困難となります。他の細胞遺伝学的線量評価法としていくつかの方法が開発されていますが、他の評価指標は個人差があり、また、被ばく後の時間経過にともない変化が著しく安定性に欠けるため、現時点でも最も正確な方法は二動原体染色体法といえます。しかし、低線量域では更に多くの細胞数を解析する必要があるため、非常に困難な作業となります。

放射線被ばくは事故や災害に限ったものではありません。医療の現場では、診断や治療の目的で放射線が用いられており、その際に患者さんが被ばくする「医療被ばく」や、医師や診療放射線技師など放射線を取り扱う医療スタッフが被ばくする「職業被ばく」があります。そして、その被ばく線量は低線量域となります。福島第一原発事故以降、低線量被ばくの健康リスクに関する研究が国際的に行われています。

私と放射線との関わり

弘前大学では二〇〇八年から人材育成の一環として緊急被ばく医療体制整備の取り組みが始まりました。緊急被ばく医療では、被ばく患者の被ばく線量を推定するための染色体異常解析が必要であり、保健学研究科の緊急被ばく医療準備プロジェクトチームから染色体解析担当者を選出するようにとの話がありました。そして、大学四年生から修士課程までの三年間染色体を用いた研究をしていた私に白羽の矢が立つことになりました。染色体に関する研究を続けたかったものの、機会がなく他の研究分野を確立しつつあったことから、複雑な思いでお話を受けることとしました。

しかし、長らく染色体の研究から離れていたことに加え、放射線被ばくに関する知識や経験のない私にとっては、右も左も分からない状況でしたので、弘前大学の緊急被ばく医療に関するプロジェクトの外部評価委員を務めていた吉田光明先生（当時放射線医学総合研究所所属）に教えを請い、緊急被ばく医療における「細胞遺伝学的線量評価」という未知の分野に飛び込むことになりました。細胞遺伝学的線量評価とは、染色体異常の頻度から被ばく線量を推定する専門分野です。この分野の研究を開始した当初は、私たちの技術を実際に使うことはないと思っていました。不安なままに一年間のアメリカ留学が決まり、線量評価に関する研究と勉強に取り組み、いよいよ日本へ戻って本格的に細胞遺伝学的線量評価に関する研究を開始しようとしていた二〇一一年三月にあの出来事が起きました。東日本大震災です。

アメリカからインターネットを介して福島第一原発事故の情報を収集し、日本に戻って住民や作業員の線量評価をサポートしなくてはいけないという使命感を持って、まだ夜の灯が少なく暗かった弘前市へ戻りました。アメリカに留学する前は、細胞遺伝学的線量評価の技術を使う機会はない、使うことがあってはならないという思いでいた私でしたが、実際の事故を目の当たりにしてその現実を受け入れるしかありませんでした。帰国後、弘前大学被ばく医療総合研究所に着任していた吉田光明教授・中田章史先生（現北海道科学大学）と共に、日本の細胞遺伝学的線量評価体制を取りまとめている染色体ネットワーク会議からの待機命令を受け、緊急被ばく医療のための線量評価が必要な患者の染色体解析依頼に備えることとなりました。さらに、弘前大学は文部科学省から依頼を受け、放射線スクリーニングチームを派遣することとなり、私は第十五次隊の一員として福島県郡山市総合体育館の一時立ち入り住民のスクリーニング業務を担当する機会をいただきました（図2-3）。その時、通りかかった小さなお子さんのいるお母さんとの触れ合いが、その後の活動に大きく影響することになりました。

背中に弘前大学と大きく書かれた赤いベストを着ていた私を見かけたお母さんから、「弘前からいらしたのですか？　ちょっと教えてほしいのですが……。小さい子がいるのですが、暑い日には窓を開けていいのでしょうか？」と質問がありました。当時、郡山市の放射性ヨウ素は検出感度以下（福島県庁発表）で、最高気温は三〇・三℃でした。お母さんの質問に答えた後、さらに「誰も教えてくれないし、どこに聞けばいいのかわからなくて……。弘前から来てくれてありがとうございました。」と、涙を流しながらお礼を言われました。放射線に関わる世界に飛び込んだ私が、初めて役に立てたと実感した瞬間でした。この時、自分の知識が住民の役に立つこと、まだまだ必要としている人がいることを知りました。水俣病と戦った医師・原田正純先生が「知ったもんの責任として」というお言葉を残しています。私も、専門家として責任を持って、住民と向かい合おう、できることから始めようと決意しました。これが、私が放射線被ばくや福島第一原発事故と深く関わるきっかけでした。

図2-3　スクリーニングで訪れた福島県郡山市総合体育館

福島県放射線汚染地域における野生動物調査

（一）陸生動物

放射線は色、においや味が無いため、放射線量を機械で計測して知る以外にその存在や量を知ることはできません。放射性物質に汚染された地域に生息する動物たちにとっても同様であり、生息地が放射性物質に汚染されていたとしても、その地域で餌を食べ、暮らしています。したがって、放射性物質汚染地域に生息する動物を調べることは、長期間に渡って汚染された餌を食べ、外部から放射線を浴び続けることによる生体への影響を調べるのに最適なモデルとなります。そして、さまざまな動物での放射線被ばくの生物影響を知ることにより、放射線被ばくのヒトへの健康影響やリスクを予測することができます。ここでは、緊急被ばく医療における細胞遺伝学的線量評価という特殊な分野を専門としている私たちが、福島県浪江町に生息する野生動物を調査することになった経緯と、調査結果を紹介します。

アメリカでは、東日本大震災の翌日から、福島第一原発での水素爆発の報道後に、核燃料の過熱による炉心が溶融するメルトダウンが起こる可能性があることや、メルトダウンが起こるとどのような危険性があるかなどのニュースが駆け巡りました。事故後から帰国までの間に、留学先の研究所の同僚から、「日本に戻らないほうがいいのでは？」や「日本に戻ったら、線量評価が必要だから頑張ってね」などの言葉をいただいていました。帰国後、研究室に戻り、吉田教授と中田先生と三人で試薬や器具類の在庫を確認し、装置の試運転を行い、染色体ネットワーク会議からの線量評価の依頼に備えました。事故発生後、被ばく患者の線量評価のため約半年間待機していたわけですが、幸い高線量被ばく者は認められず、緊急の染色体解析依頼はありませんでした。作業員が汚染水で被ばくしたという事故がありましたが、作業員の被ばく線量が高線量ではないことに加え、対象となった作業員数が五名と少数であったことから、解析は放射線医学総合研究所が担当することになり染色体ネットワーク会議が動員される事態には至りませんでした。

事故から半年が経過し、染色体ネットワーク会議からの線量評価依頼への待機も一段落したので、弘前大学染色体研究グループが福島のために何ができるかを三人で協議しました。とはいっても、原発作業員や避難住民の線量評価を単独で実施できるわけではありません。そこで、中田先生と私の二人が揃っているのなら、野生ネズミの調査を行えるのではないかという話になりました。野生ネズミは環境中の化学物質の汚染影響を調べるために調査対象とされる動物で、チェルノブイリ原子力発電所事故においても野生ネズミが調べられました。中田先生と私は、弘前大学理学部生物学科（現農学生命科学部）系統学および形態学講座出身（通称二講座）で、当時の指導教官だった小原良孝先生（現弘前大学名誉教授）や研究室の先輩に野生ネズミの捕獲法を指導していただき、実際に野生小型齧歯類の染色体解析の経験がありました。さらに、大学時代に使っていた小型齧歯類捕獲用トラップ（シャーマントラップ）が白神自然環境研究所（現白神自然環境研究センター）に移管されていることを知り、借用できることになりました。

トラップの他にも必要な採集道具をかき集め、保健学研究科の葛西宏介先生、中田先生と私の三名で二〇一一年十月に初めて福島県双葉郡浪江町に入ることができました。福島市から国道一一四号線を通って浪江町に向う途中、警察の検問で立ち入り許可証等の検査を経て、浪江町に入りました。街中には人の気配がなくとても静かで、不思議な感覚を覚えました。浪江町では、地震で倒壊した家屋、津波で破壊された家屋、津波で陸に打ち上げられた漁船、地盤沈下により水没した道路、大規模な地滑り等、震災の傷跡がそのまま残っていました（**図2-4**）。

さらに、当時テレビでも報道されていましたが、ウシが市街地を徘徊していました（**図2-5**）。また、避難時に一緒に連れて行くことが許されなかったコンパニオンアニマル（イヌ・ネコ）をよく見かけました。私

図2-4　二〇一一年に訪問した浪江町の様子

たちの車を追いかけてくる犬を見かけ、「ごめん、今なにもあげられる食べ物持っていないんだ」と思いながら、何もできない自分の無力さを痛感しました（図2-5）。

野生ネズミの調査では、アカネズミ（*Apodemus speciosus*）とハタネズミ（*Microtus montebelli*）を解析対象とする予定でした。アカネズミは日本全国の草地や森林に広く分布します。ドングリやクルミなどの木の実を好んで食べますが、雑食性です。後述するハタネズミとは異なり、地表から約一〇センチメートル前後の深さの巣穴に住んでいます。アカネズミは東日本と西日本で染色体数が異なり、福島県および青森県に生息するアカネズミは東日本型の四十八本の染色体を持っています。ちなみに西日本型アカネズミは四十六本の染色体を持ち、西日本型アカネズミと東日本型アカネズミの境界地域には四十七本の染色体をもつアカネズミも見つかっています。一方、ハタネズミは本州および九州に分布し、休耕地や畑、畦畔を主な棲処（すみか）としています。地下五～三〇センチメートルの所に長いトンネルを掘り生活しています。イネ科やキク科の草や樹幹や根の皮を食べます。

福島第一発電所から放出された放射性物質は、環境中に不均一に蓄積しているため、生息している野生ネズミを解析することによって、環境中の放射性物質の推移

図2-5　二〇一一年に浪江町で見かけた動物

やその慢性的な生物への被ばく影響を解析することが可能となります。弘前大学染色体研究グループは、食性の異なる野生ネズミの解析を通して、環境回復の評価、放射線生物影響のヒトに対する影響の予測、慢性被ばくの生物影響の解析を目的としました。

浪江町を初めて訪問した私たちは、土地勘がなかったため航空写真、地図、空間線量の航空機モニタリング結果だけを頼りに町内を車で走り、アカネズミとハタネズミが捕獲できそうな場所を探し回りました。ハタネズミも調査の対象として考えていたのですが、生息環境が避難住民の家屋に近く、森林なら構わないが、自分の家の近くの調査を快く思わない住民もいたので、断念せざるを得ませんでした。そこで、民家に近すぎない場所を探し回り、朝から夕方暗くなるまで多くの地点へトラップを設置しました（**図2-6**）。トラップを設置した翌日は、アカネズミの捕獲を確認し、車の荷台で解剖して必要な試料を採取してはまた次の地点へ移動します。アカネズミの

図2-6　浪江町での動物調査の様子

捕獲状況が悪い場所では、トラップを全て回収し、新たな地点へトラップを設置しました。手探りの状況で始めた浪江町の野生動物調査ですが、何とか空間線量率が異なる採集地点を確保することができ、継続して調査できるようになりました。

捕獲したアカネズミを解剖する場所や採材場所には苦労しました（図2-7）。車の荷台に即席の解剖スペースを確保し、解剖・採材と移動を繰り返さなければなりませんでした。雨が降ると橋の下や自転車置き場に移動し、調査を続けました。その後、浪江町津島地区の南津島集会所を借用して簡易ラボを設置することができ、さらには、浪江町の市街地である川添地区にある豊田動物病院院長の豊田正先生のご厚意により動物病院施設をラボとして使わせていただけることになりました。多くの方々に支えられてわれわれは研究を継続することができました。

図2-7　浪江町で捕獲したアカネズミからの採材の様子

豊田先生は浪江町で動物病院を開業している獣医さんで、地元住民の信頼の厚い先生です。震災後、浪江町の住民は、避難の際にこれまで家族同様に暮らしていたコンパニオンアニマルを放置せざるを得ませんでした。放置された動物はその後、愛護団体に保護されることとなりましたが、多くの動物は餌をとれずに尊い命をなくす運命となりました。事故直後は、住民の避難が優先であることに異論はありませんが、コンパニオンアニマルの避難が想定されていなかったのが現実です。住民の多くが緊急避難した津島地区から二本松市へ避難する際、同伴が許されずに放置された動物が、国道一一四号線を移動して浪江町の市街地に向かって歩いて移動していたというお話を伺いました。豊田先生ご自身も、愛犬を放置しなければならなかった一人です。豊田先生は、避難直後からコンパニオンアニマルの保護活動を行っている赤間徹さんと連携し、動物の保護と過繁殖防止のための避妊・去勢手術を行うとともに、感染症検査およびワクチン接種を行っています。東京新聞の特集で赤間さんの活動が紹介されていました。その記事のなかで、「自分はずっと原発で食ってきた。その原発の事故さえなければ。動物たちは人と一緒に暮らせたのに……」（二〇一八年五月三〇日付東京新聞より）という赤間さんのコメントを目にし、普段多くを語らない赤間さんの思いに触れることができました。崇高な意識に基づく活動は、事故から八年が経過した現在でも続いています。われわれは、豊田先生や赤間さんの献身的な活動に接し、その尊い使命感に感銘を受け、被災住民の方々に対して何ができるかを自問しながら活動を継続しています。

アカネズミの放射線影響研究を行うに当たり、個体の被ばく線量の情報が必要となります。アカネズミは巣穴で暮らし、餌を求めて森林や草地で活動します。したがって、生息環境の空間線量の情報のみでは、個体の被ばく線量が不明です。そこで、弘前大学大学院保健学研究科の細田正洋先生に相談したところ、アカネズミに埋め込むことができそうな小型蛍光ガラス線量計（線量チップ）を紹介していただきました。また、二〇一一年からアカネズミの調査に協力していただいているみちのくファウナリサーチの鈴樹亨純さんから、アカネズミは同じ巣穴に戻る習性があるため、標識再捕獲（つかまえた個体に標識し、放逐後に再捕獲する方法）が可能であることを助言いただきました。

早速、線量チップを購入し、アカネズミを捕獲し、麻酔下で線量チップをアカネズミの背中に埋め込んだ後、捕獲地に放逐し、一〇～十四日後にアカネズミを再捕獲しました。再捕獲率は調査環境によって異なりますが、三〇～九〇％の割合で再捕獲できました。しかし、アカネズミは激しく活動するため、保護ケースに入れた線量チップに傷が付き、また、保護ケースから体液が入り込んだことにより線量チップの表面が汚れ、正確な被ばく線量を測定することができませんでした。線量チップを挿入できる細いポリプロピレン製チューブを探し、チューブの内径を広げるために釣具屋で仕掛け用ステンレス棒を購入し、さらに、線量チップを入れた後にチューブの両端を封入する資材をホームセンターで探し、何とか測定までたどり着けました。また、前述のとおり、アカネズミは多くの時間を巣穴で過ごしていると推測されるため、巣穴近くの地中に中空のチューブを差し込み、その中に線量チップを固定し、垂直方向の線量の減衰を調査しました。その結果、アカネズミは地下一〇センチメートル位の巣穴に生息していることが推測され、外部被ばく線量は、一時間当たりの空間の放射線量（空間線量率）測定が行われる地表一メートルに対して約四十一～四十四％、地表線量に対して五十五～六〇％であることが明らかになりました。浪江町の旧警戒区域で捕獲したアカネズミの外部被ばく線量は、国際放射線防護委員会（ＩＣＲＰ）が提唱する健康リスクの誘導考慮参考レベル(Derived Consideration Reference Levels, DCRL)に相当し、避難指示が適切であったことが、野生動物の調査でも確認できました。

アカネズミから採取した脾臓を弘前に持ち帰り、細胞培養を行い、染色体異常解析を行いました。放射線被ばくに特異性の高い二動原体染色体は解析細胞数が不足していることから現時点では検出されていませんが、染色体切断などの異常頻度が事故からの時間経過とともに減少しました。この結果より、環境中の放射線線量の低下にともない、アカネズミで検出される染色体異常頻度が減少することが分かりました。市街地など比較的線量測定が容易な地域と異なり、森林は立ち入り等が困難なうえ、複雑な環境であることから、生息する野生動物の解析は、広範囲な環境の評価に有

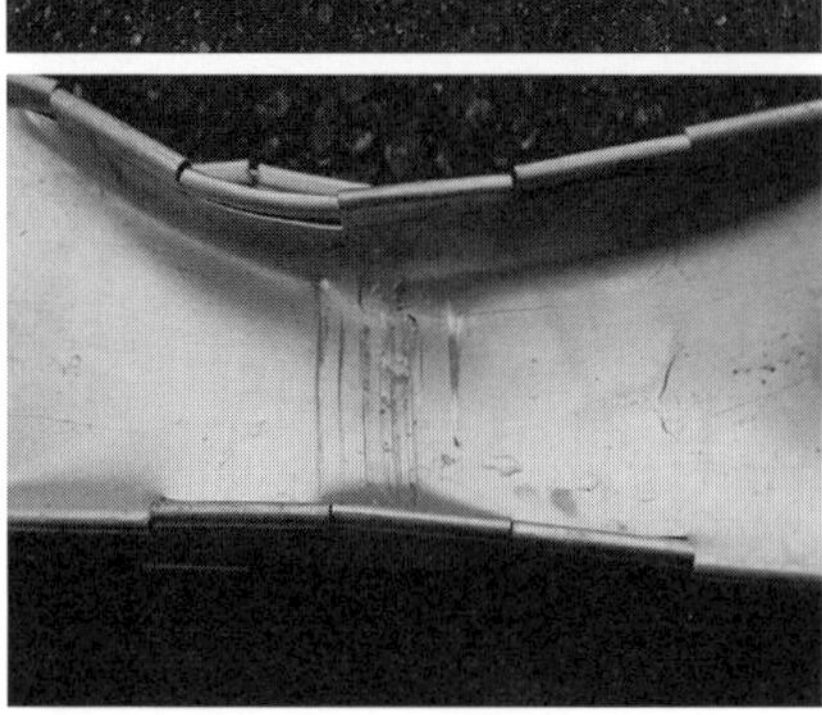

図2-8　捕獲したアカネズミとイノシシに破壊されたトラップ

用となるでしょう。

野生ネズミ用トラップを設置して困ったことがありました。私たちは主に青森県内や北海道で野生ネズミを採集していたので、ある動物の被害を経験していませんでした。ある動物というのは、イノシシです。雪が多い地域では、冬季に移動や餌を探すのが困難になるため、イノシシの分布は報告されていませんでした。しかし、福島県では、いたるところにイノシシの足跡や掘り返した跡が見かけられます。鼻の利くイノシシはわれわれが設置したトラップ内にある野生ネズミ用の餌を狙ってトラップを破壊します（図2-8）。被害が著しい地点では、二〇個のトラップのうち、八個を破壊されてしまいました。イノシシの被害が著しくてトラップの設置を断念した地域もあります。

イノシシの他にも、ハクビシンやアライグマの被害も報告されています。アライグマは、外来生物法で特定外来生物に指定された害獣です。本格的な規制以前に逃亡したり放逐されたりしたアライグマが激増し、日本各地にその分布が拡大しました。福島県の浜通り地区も例外ではありません。アライグマは震災で部分損壊した家屋や物置などに営巣します。浪江町を含む各自治体では、猟友会等と連携し、アライグマの駆除活動を強化していますが、生息する五〇％のアライグマを駆除しなければ、個体数を減らすことができないというシミュレーション研究が報告されています[1]。

弘前大学染色体研究グループは、二〇一五年より浪江町で駆除されたアライグマを提供していただき、放射線影響研究を始めました。アライグマの末梢血リンパ球では、放射線被ばくに特異性の高い二動原体染色体が検出されました。まだまだ個体数が少ないので、結論を出すには至っていませんが、染色体異常解析に加え、個体の外部被ばく線量解析、臓器中セシウム濃度解析、ストレスマーカー解析、生殖細胞解析など多角的な影響解析を東北大学、新潟大学、北海道科学大学の先生方と共同で研究を行っています。近い将来、アライグマの研究成果を報告できる日が来るでしょう。

(二) 水生生物

福島第一原発事故により放出された放射性物質は、陸地に住む動物だけではなく水圏に生息する生物にも影響を及ぼします。海や川に生息する魚類には、事故由来の放射性物質が取り込まれていることが明らかとなっています。とても興味深いことに、福島第一原発周辺の海産魚を調べた結果、事故後の捕獲時間が経過すると放射性セシウムの濃度が比較的早い時期に減少しましたが、事故後に経時的に捕獲したヤマメやアユなどの川魚での放射性セシウム濃度の減少は緩やかでした。

事故後、東日本の太平洋側で捕獲された海産物の放射能測定が継続的に行われ、二〇一五年の時点では海産物に含まれる放射性物質濃度は基準値の一〇〇ベクレル/キログラム以下まで低下しています。福島第一原発周辺では、まだ、商用目的の漁業は再開されていませんが、そう遠くない将来に再開されるでしょう。しかし、事故から五年経過した時点でも浪江町や近隣市町村の淡水魚では放射性セシウム濃度が基準値を上回り、あるいは、基準値以下であったとしても、減少傾向が認められずに、福島県の内水面漁業の復興に障害となりました。

これは、魚類における無機塩類の恒常性調節が関係します。生物が体内環境を一定に保つ仕組みを恒常性といい、ナトリウム、カリウム、カルシウム、マグネシウムなどの無機塩類の体内濃度も一定に保たれています。動物において、カリウムはナトリウムとともに体内の浸透圧の維持のほか、神経伝達や筋収縮に関わっています。一方、動物におけるセシウムの役割は定かではありませんが、カリウムとセシウムは周期表の一族元素に属するため、動物はカリウムと誤ってセシウムを体内に取り込んでしまうと考えられています。安定型セシウムと放射性セシウムは同じ挙動を示すため、体内に放射性セシウムが取り込まれます。海水魚は体内よりも海水中の無機塩類濃度が高いため、体内を生理的濃度に保つために鰓（えら）にある塩細胞が積極的に無機塩類を体外に排出します。一方、淡水魚では淡水中の無機塩類濃度が極めて低いため、無機塩類を体内にとどめるようにします。そのため、淡水魚の体内に取り込まれた放射性セシウムは体外に排出されにくく、生物学的半減期が長くなります。浪江町を東西に横切る請戸川では、福島第一原発事故から数年が経過した時点で河川水中に溶け込んでいる（溶存態）放射性セシウム濃度は極めて低いにもかかわらず、淡水魚体内の放射性セシウム濃度がなかなか低下しません。河川水は飲用水や農業用水として利用されることが多く、放射性物質の淡水魚への移行ルートを知ることが水と共に生きる人間の生活にとても重要となります。では、どのようなルートで放射性セシウムは淡水魚の体内に取り込まれるのでしょうか？

弘前大学染色体研究グループは、浪江町の中心を流れる請戸川のヤマメに着目し、ヤマメ体内の放射性セシウム濃度を測定するとともに、ヤマメが生息する河川の水生昆虫、付着藻類、底質などの環境試料を採取し、放射性セシウム濃度を測定しました。その結果、有機堆積物が最も放射性セシウム濃度が高く、付着藻類、水生昆虫、ヤマメの順に低下しました。解析前は、食物連鎖による生物濃縮が認められるのではないかと推測していましたが、生物濃縮は認められませんでした。有機堆積物の放射性セシウム濃度は川底に堆積した落ち葉や粘土鉱物等に沈着した放射性セシウムに由来すると考えられます。これらがどのようにして付着藻類、水生昆虫、そしてヤマメに移行するのかについてはさらに詳細な研究が必要になりますが、底質有機堆積物や溶存態セシウムを取り込んだ付着藻類が水生昆虫に食べられ、その水生昆虫をヤマメが捕食することによってヤマメに放射性セシウムが移行すると考えられます。森林から流入する放射性物質が食物連鎖によって上位に位置する捕食者に移行するため、淡水魚の体内セシウム濃度を低下させるためには森林から供給される放射性セシウムを遮断しなければなりません。しかし、広範な環境から水を集めて河川を形成しますので、流域に豊かな自然環境を有する請戸川では、河川への放射性物質の流入を遮断するのは困難です。多岐の分野に渡る多くの専門家がこの問題を協議していますが、淡水魚の体内放射性セシウムを低下させる有効な方法は現時点では開発されていません。

浪江町初期被ばく検査

福島第一原発事故後、放射性物質の汚染を知らない野生動物は生活する環境から能動的に避難することはありませんので、筋肉中に高濃度の放射性セシウムが検出されました。一方、住民は日本政府から避難指示があり、半径一〇キロメートル圏外、そして二〇キロメートル圏外へ避難することとなりました。

浪江町の住民は二〇キロメートル圏外へ避難するため、二〇一一年三月十二日に、浪江町の役場から北西方向に位置する津島地区へ避難しました。しかし、このとき浪江町内の空間線量は明らかにされていませんでした。そして、三月十三～十四日、国道一一四号線を走る緊急車両を数多く見かけたそうです。運転手や同乗者が厳重なマスクを装着し、白いタイベックスーツを着ていて、ただならぬ雰囲気を感じたと聞きました。そして、町外の防災無線を聞いた住民から空間線量が高いため、隣町では避難準備をしているという情報がもたらされました。浪江町内で半径二〇キロメートル圏外へ避難するためには北西方向の津島地区しか選択肢はなく、結果として空間線量が高かった津島地区へ避難することになったのです。そのため、子どもを持つ町民は放射線被ばくによる健康被害に対する不安を払拭しきれていませんでした。

弘前大学染色体研究グループのリーダーである吉田教授は、浪江町役場の要請により、不安軽減を目的として震災当時十八歳以下のお子さんを対象に、二〇一三年一月から「初期被ばく検査」を実施しました。初期被ばく検査では、お子さんから三～四ミリリットルの血液をいただいて染色体異常（転座）解析を行いました。前述のとおり、放射線被ばくに特異性の高い二動原体染色体は生物学的半減期が短いため被ばくから一ヶ月後までの間に採血する必要がありますので、震災から約二年が経過して実施した初期被ばく検査では、生物学的半減期の長い転座を解析する必要があります。

対象者への連絡方法、検査の同意を得るインフォームド・コンセントの取得方法、結果の報告方法などを浪江町役場と何度も協議を重ねました。特に、インフォームド・コンセント取得のための染色体解析の方法の説明では、資料の準備や採血から解析までの流れを動画にして説明するなど、理解を深めていただくための工夫が必要でした。採血およびインフォームド・コンセントの取得には、浪江町国民健康保険仮設津島診療所の関根俊二先生にご協力いただきました。関根先生は、震災直後の混乱時から、身を粉にして住民の健康サポートに取り組んできた医師で、住民からは赤髭先生（本人は黒髭ですが）のように慕われていました。さらに、当時浪江町健康保険課に所属していた吉田良子さんが初期被ばく検査に参加した子どものご両親に暖かく声をかけてくださり、よそ者のわれわれに対する不安を取り除くようにご尽

図2-9　浪江町国民健康保険仮設津島診療所で検査の説明をする関根俊二先生と吉田光明教授

力いただきました。

関根先生の説明の後、弘前大学チームから詳細な説明を行い、インフォームド・コンセントを取得します（図2-9）。その後、別室へ移動してお子さんから採血させていただきました。小さなお子さんは採血時に針を刺されるのが苦手です。怖がって泣く子、じっと我慢して涙をこらえる子、そんなお子さんの姿に接しながら採血させていただきました。子どもの大きな涙が畳に落ちたときの音を今でも覚えています。

初期被ばく検査の対象者や案内方法、結果の説明方法などの詳細を協議するに当たり、われわれは当初津島地区に避難したお子さんのみを対象とする予定で、二〇〇～三〇〇名の検査参加者を想定していました。二〇〇～三〇〇名の解析だけでもとても大変な作業になります。しかし、実際の初期被ばく検査参加者数はわれわれの想定をはるかに超え、約八〇〇名のお子さんが初期被ばく検査にエントリーしました。毎週、弘前から福島県二本松市の浪江町国民健康保険仮設津島診療所を訪問し、二〇～三〇名の採血を行いました。

採血から解析までの工程は以下の通りです（図2-10）。採血の翌日、血液から白血球（リンパ球）を分離し、四十八時間培養した後、細胞を処理して染色体標本を作成します。染色体の転座を解析するために、蛍光インサイチュー・ハイブリダイゼーション（ＦＩＳＨ）法により一番染色体、二番染色体、四番染色体をそれぞれ異なる蛍光色素で標識（染色体ペインティング）

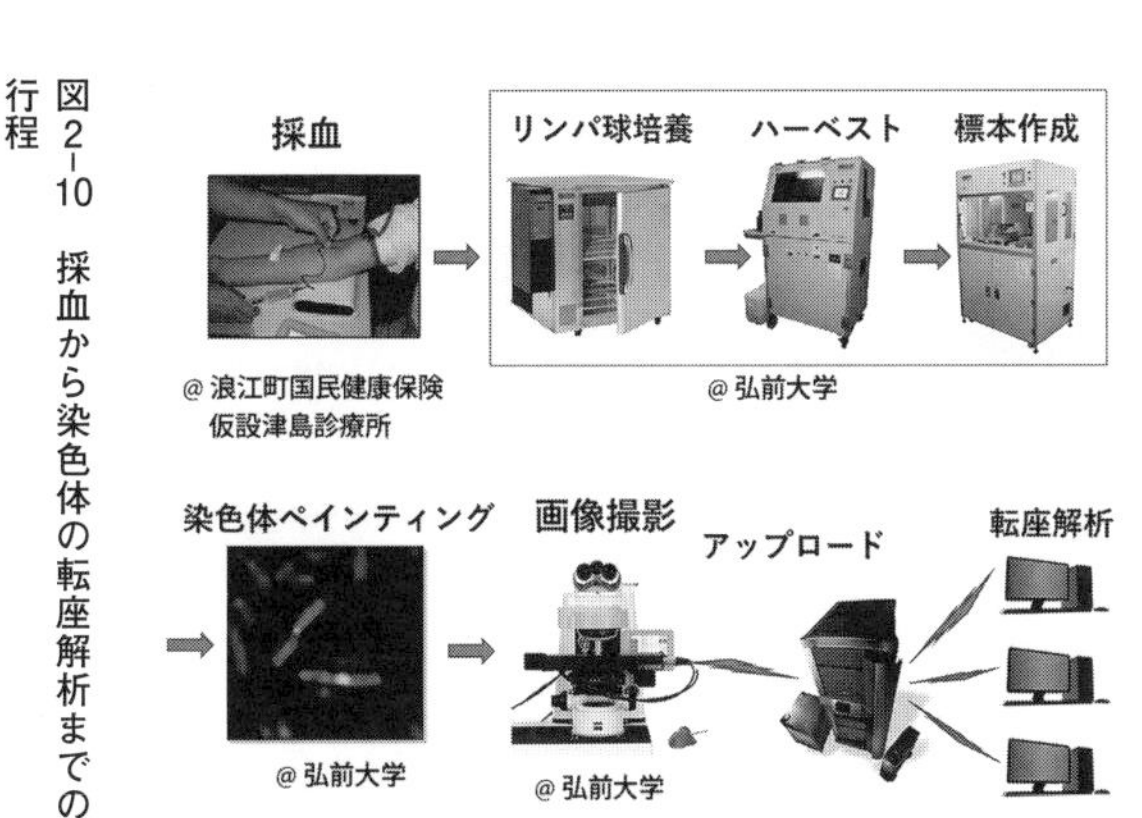

図2-10　採血から染色体の転座解析までの行程

し、三、〇〇〇細胞以上の染色体中期像の顕微鏡写真を撮影します。被験者の染色体画像を二〇〇枚毎に分割し、六～七名の解析者に画像を提供します。画像提供には、Ｙａｈｏｏ！ヘルスケアのご協力により、画像管理サーバーを借用しました。また、転座を解析するための専用ソフトウェアはカール・ツァイス社より借用しました。弘前大学染色体研究グループだけでは八〇〇名もの染色体転座解析は困難なため、放射線影響研究所の児玉喜明先生、濱崎幹也先生、大阪府立大学の児玉靖司教授、元環境科学技術研究所の田中公夫先生の協力を得、約三年がかりで解析を終了し、解析細胞が得られなかったお子さんを除く初期被ばく検査に参加した全てのご家庭に結果を送付することができました。

末梢血リンパ球における転座を解析した結果、健康影響を危惧する過剰な被ばくは認められませんでした。しかし、染色体に生じる転座の自然発症頻度に関する研究が不足しています。転座は放射線被ばく特異的な染色体異常ではなく、加齢や他の要因によって増加します。また、ＣＴスキャンなどの医療被ばくでも染色体異常が生じることが報告されています。

したがって、日本人における自然発症頻度の研究や、医療被ばく歴、服薬等の記録が必要となります。事故が起こった時、比較する対照集団の情報不足が困難さや混乱を招くことがあります。事実、福島第一原発事故後に福島県で甲状腺がんが増加したという情報が発信されました。しかし、同年代の甲状腺がん発生率は不明で、比較する集団がなかったのです。その後、環境省が平成二十四（二〇一二）年度甲状腺結節性疾患有所見率等調査結果を報告し、青森県弘前市、山梨県甲府市、長崎県長崎市で同年代の子どもを対象とした甲状腺検査が行われ、福島県の報告と差がなかったことが明らかとなりました。[2]

私たちは、福島県と対照集団との比較で、放射線による甲状腺結節性疾患有所見率に差は無かったのですが、当時、比較対照が無かったことによって混乱や不安を招いた事実をしっかり受け止めなければなりません。事故の有無にかかわらず、将来的な事故に備え、比較対照となる健常集団の情報を収集しておくことが重要です。対照集団の解析には多くの時間と研究資金が必要となるため、困難な状況にありますが、何とか弘前大学の協力を得て少しずつ解析を進めています。

細胞遺伝学的線量評価における人材育成

細胞遺伝学的線量評価のゴールドスタンダードである二動原体染色体の解析は、解析技術を習得するまでに長期間を要します。加えて、日本国内では、同解析を担う機関が五機関と少なく、弘前大学を含めて若手人材不足が課題となっています。五〇歳になった私ですら、若手人材の一人であることからも、その窮状を理解していただくことは容易でしょう。臨床検査業務における染色体検査では、血液のがんである白血病に関する染色体異常検査や、ダウン症候群などの先天性染色体異常検査が行われています。日本には数多くの病院がありますが、独自で染色体の検査体制を整備している病院は少なく、多くの病院は民間の検査センターに解析を依頼しているのが現状です。病院の検査業務を担う臨床検査技師の養成機関では、数多くの検査業務に関する講義および実習が必要であり、染色体検査に多くの時間をあてることが困難です。また、臨床検査における染色体解析は、細胞遺伝学的線量評価とは血液の培養条件、解析の評価指標、解析細胞数が大きく異なります。したがって、細胞遺伝学的線量評価を担う人材育成が急務です。弘前大学では、医学部保健学科や大学院保健学研究科において細胞遺伝学的線量評価に関する教育を実施しています。細胞遺伝学的線量評価を教育している大学は、弘前大学以外にないでしょう。

日本国内には数多くの放射線関連施設が存在します。福島第一原発事故で原子力発電所の事故がクローズアップされましたが、健康を支える病院、食品や医療資材を製造する企業など多くの放射線関連施設は皆さんの身近に存在します。これらの施設は厳重に管理されていますが、万が一の事故に備えた緊急被ばく医療体制の整備が必要です。「事故なんか起こらない」、「管理体制は万全だ」という慢心が大きな被害を生み出します。病院、工場、原子力発電所も人間によって管理・運営されています。人間はミスを犯します。多くの事故にはヒューマンエラーが関わっています。甚大な被害をもたらしたチェルノブイリ原子力発電所事故や二名の死者を出した東海村ＪＣＯ臨界事故は典型的なヒューマンエラーです。安全や安心はただで手に入るわけではありません。いつ起こるか分からない事故に備え、緊急被ばく医療体制整備の一環として、緊急被ばくにおける線量評価技術や設備を維持するとともに、次世代を担う人材の育成が重要なのです。

生物学的線量評価に関する国際学会（EPRBioDose2018）が二〇一八年六月にドイツで開催されました。この学会において、私たちの研究室の卒業生で、福島県立医科大学で細胞遺伝学的線量評価を担当している阿部悠先生と、当時弘前大学大学院保健学研究科博士後期課程三年生の藤嶋洋平君がポスター発表賞を受賞しました。細胞遺伝学的線量評価部門から二名選出される受賞者を、私たちの研究グループで独占するという奇跡的な出来事でした。受賞した二名に引き続き、弘前大学から次世代を担う細胞遺伝学的線量評価の人材が育つことを願っています。

浪江町の八年間を見つめて

私たちは、二〇一一年から八年間に渡り浪江町の調査を行ってきました。二〇一一年に最初に訪れた浪江町は、人の気配を感じない空虚感の漂う街でした。青空の下に広がる静かな街並みが強く印象に残っています。さまざまな県外ナンバーのパトカーが数多く走り、たびたび職務質問のような雰囲気で声をかけられました。白いタイベックを着て森林や草地を這いまわっている私たちの姿がさぞかし異様に映ったのでしょう。

やがて、住民帰還に向け、空間線量を目的のレベルまで下げるために町内の各所で除染活動が始まりました。大型トラックや重機が頻繁に道路を通行しました。住宅の周り、河川敷、森林の林床がはぎ取られ、汚染土壌や草木を細断したチップが黒い袋に詰められて巨大なピラミッドのように積み上げられていきました。住民は、頻回に住居を訪れ、掃除を行いました。なかには、修繕しないまま空き家となって、壊れた窓や扉から野生動物が入り込み、室内が荒らされた家屋もありました。一時帰宅した住民に声をかけると、「渓流魚、アユ、サケ、山菜、キノコを楽しみにしていた。そんな楽しみの無い町に戻っても、何をしたらいいの？」、「避難先の二本松には海がない。海の音を聞かないと落ち着かなくて毎週末ここに来て海の音を聞いて帰るんだよ」、「松茸が生えているのに、食べられないなんてねぇ」と、東日本大震災前の豊かな自然に囲まれた浪江町の故郷の思い出を語ってくれました。いつになったら、そんな思い出の故郷に戻ることができるのかを答えられず、苦しい思いをしました。

除染地域が拡大しているさなか、住民から「町内でスズメやトンビを見かけない」、「すす払いをしに行ったが、クモの巣がなく、セミの鳴き声が聞こえないため異様に感じる」などの意見がありました。住民は放射性物質のせいで小動物が減ったと考えがちですが、広範囲な表面土壌や草本類の除去が生態系に対して甚大な影響をもたらしたのです。放射線関連事故の間接的な影響を忘れてはいけません。

二〇一七年三月、東日本大震災から二、二一三日後に浪江町の避難指示解除準備区域、居住制限区域の避難指示が解除され、住民帰還が始まりました。帰還した住民は少ないものの、少しずつ役場を中心として住民の生活が始まりました。しかし、食料を購入するためには車で三〇分かけて隣町まで出向かないといけませんでした。浪江町で最初に開店した居酒屋では、晩酌をしながら夕ご飯をとり、朝ご飯としておにぎりを注文する住民の姿もありました。夜の街灯は少なく、民家の灯もほとんど見当たりませんでした。それでも、少しずつ帰還住民が増え、故郷のコミュニティが再構築され始めました。二〇一七年十二月に、弘前大学浪江町復興支援室が、福島県双葉郡浪江町に居住している方々に集まっていただく場として開催している「あっぷるサロン」で講師を務める機会をいただきました。地域住民のコミュニティに接し、初めて浪江の住民がみんなで楽しんでいる姿を目にすることができました。私が初めて浪江町を訪れてから二、二二七日後の出来事でした。

二〇一八年、町には飲食店が増え、浪江にじいろこども園が開園し、さらに、なみえ創成小学校・中学校が開校しました。浪江町は、未だ帰還困難地域の避難指示が解除されていないことから、「帰還宣言」はしていません。また、帰還した住民の数も少なく、高齢者割合が高いなど多くの課題を抱えています。しかし、東日本大震災から八年が経過し、浪江町は未来に向かって歩んでいます。自然豊かな故郷に戻る日がいつになるのか分かりませんが、私たちに語ってくれた住民が一日も早く心の故郷に帰れる日が来ることを祈念します。そして、その歩みを見つめていきたいと思います。

（三浦富智）

もっと詳しく知りたい人へのおすすめ書籍

① 原田正純『水俣病』岩波書店、一九七二年
② はる書房編集部編・星野美穂他構成『あの日から起ったこと—大地震・原発禍にさらされた医療者たちの記録』はる書房、二〇一三年
③ NHK東日本大震災プロジェクト『証言記録　東日本大震災』NHK出版、二〇一三年

こぼれ話

「漢(おとこ)の宿と呼ばれた旅館」

福島県浪江町で野生動物の調査を行うためには、浪江町周辺に宿泊する必要がありました。調査開始当初は弘前大学福島事務所が福島市内にあったことから、福島市内のホテルを利用しておりましたが、浪江町まで車で一時間半程の移動となるため、朝四時半に福島市を出発し、夜七時過ぎに福島市へ戻るという過酷な活動を余儀なくされました。その後、南相馬市から浪江町へアクセスしたほうが容易であることが分かり、宿泊の拠点を南相馬市に移すことになりました。南相馬市では、火力発電所の復興のため、多くの作業員が宿泊し、とてもにぎわっていました。大きな事業所は、ホテルを長期間予約して社員寮として使用していたため、ホテルがなかなか予約できませんでした。中田先生は、ネット検索でヒットした南相馬市のホテルや旅館に片っ端から電話をして、宿泊可能なホテルを探しました。「うちのホテルはそのようなホテルではありません」と、男性四名で宿泊するホテルではないと断られたこともありました。大変苦労しましたが、幸運?にも料金が安い旅館を予約することができました。

弘前市から南相馬市に向かう途中、どんな旅館なのか話題になった時、中田先生が「ちょっと不安なことがある」と、発言しました。旅館を予約する際、電話番号も住所も確認されなかったそうです。嫌な予感がしました。

旅館に到着し、あらかじめ送っておいた荷物を受け取り部屋へ移動しました。部屋は四人部屋で、二段ベッドが二つありました。二段ベッドの木枠は比較的新しく、復興の需要拡大にあわせて収容人数を増やすために新しく準備したかのようでした。お風呂は二十四時間利用可能でした。夜、浪江町の調査から帰ると女将さんは既にお客さんとお酒を酌み交わし、ご機嫌でした。宿泊期間中、毎日ご機嫌でした。女将さんから、「皆さんは、白いスーツを着て作業しているのかい？」と、質問がありました。どうやら、タイベックスーツのことを指していたようです。福島第一原発の復旧作業員がタイベックスーツを着て作業している様子をテレビで見て、なぜあんなに薄い生地で放射線を防ぐことができるのか気になっていたようでした。タイベックスーツを着用する目的を説明し、女将さんのリクエストに応えて、手持ちのタイベックスーツをあげると、またもやご機嫌でした。

野生ネズミの調査を終えて旅館の部屋に戻り、大学から送った小型遠心機でネズミの血液を遠心分離し、血清を分離しました。このとき、エアコンと同時に運転するとそのフロアー全体のブレーカーが落ちてしまい、宿泊している他の方々にご迷惑をかけてしまいました。何度かお詫びをしながら部屋で試料の整理をさせていただきました。作業が終わり、二十四時間利用可能の風呂に行くと、浴槽にお湯を入れる水道の蛇口は外されており、また、シャワーからはわずかなぬるま湯しか出ませんでした。しかも、お風呂のお湯の温度は人肌でぬめりがあり、初めて、お風呂に入って心身ともに寒くなる経験をしました。もう一つ驚いたことは、二段ベッドに寝ると、枕元に換気扇があることです。寝返りを打てない緊張感がありました。とても不思議な旅館でしたが、女将さんがいつもご機嫌で、しかも比較的部屋が広く、折り畳みテーブルを持ち込んで作業ができるという利点があったため、われわれの定宿となりました。

夏には、旅館の部屋の中で、川で採捕したヤマメの解剖や血液塗抹標本の作製を行いました。塗抹標本を乾燥させた後、固定しますが、血液の生臭さは固定しても失われず、部屋中に充満します。そこで、枕元の恐怖の換気扇を回すのです。心身ともに寒いお風呂、危険な換気扇、すぐ落ちるブレーカーなど、多くの障害を克服しながら浪江町の動物調査を続けました。いつしか、南相馬市で定宿としていた旅館はわれわれの間で漢（おとこ）の宿と呼ばれるようになりました。

その後、二本松市に宿泊の拠点を移すこととなり、南相馬市を通過することが少なくなりました。久しぶりに漢の宿の前を通ると、懐かしい漢の宿はなく、コンビニエンスストアに代わっていました。もしかしたらご機嫌な女将さんに会えるかなと期待してコンビニエンスストアに入ったのですが、お店の中には女将さんの姿はありませんでした。女将さんにもう一度会って感謝の気持ちを伝えるとともに、勝手に部屋の中で試料を扱っていたことをお詫びしたかったです。女将さんが大好きなお酒を楽しんでいることを祈念して、思い出を紹介させていただきました。

参考文献

1　環境省自然環境局野生生物課［外来生物対策室］「アライグマ防除の手引き（計画的な防除の進め方）平成23年３月作成」
https://www.env.go.jp/nature/intro/3control/files/manual_racoon.pdf

2　特定非営利活動法人 日本乳腺甲状腺超音波医学会「平成24年度 甲状腺結節性疾患有所見率等調査成果報告書」二〇一三年

第3章

東京電力福島第一原子力発電所事故によって発生した汚染水および海洋汚染の状況と難分析放射性核種ストロンチウム９０の分析への取り組み

はじめに

本章では、放射性ストロンチウムという聞きなれない放射性核種を中心として東京電力福島第一原子力発電所（以下、福島第一原発という）の状況や精密分析に関する情報を紹介します。弘前大学被ばく医療総合研究所放射線化学部門では放射性セシウム以外の放射性核種に関する新たな分析方法の開発を進めてきました。なぜこうしたマイナーな核種を、面倒な化学分析を経てまで、放射線健康影響や環境影響を引き起こさない低濃度まで測定しようとするのか、その意義と可能性についてご理解いただける一助となればと思います。

弘前大学へ赴任する前の筆者の専門分野は海洋化学で、海水に極めて微量に含まれる金属元素の濃度や同位体比（同じ元素であるが、原子量の異なる同位体同士の原子数の比率）を調べていました。海水中に溶け込んでいる成分のほとんどはナトリウムイオン・マグネシウムイオン・塩化物イオン・硫酸イオンなどのいわゆる塩で、どの地域・どの水深の海水を分析しても濃度の変化は少ないです。しかし、濃度の低い成分ほど水深や地域による濃度分布がダイナミックに変化し、海洋の在り様を映す重要な指標となります。イメージしやすいのは警察の鑑識捜査でしょう。現場に残された、本来そこにないはずの成分を手掛かりとして、どこから来たのか推察する、そういった調査と似ています。放射性核種もまた重要な手掛かりになります。さらに、放射壊変によって時間経過とともに放射能が減少することで、どのくらい時間が経過したのか教えてくれます。例えばウォーレンス・ブロッカーは、宇宙線によって生成する天然放射性核種である炭素１４を目印として深層水を調べました。半減期五、七三〇年で減少する炭素１４の量は北大西洋で高く、南極海・南太平洋・北太平洋の順に低くなります。このことから海水が約二千年の時間をかけて海洋全体をゆっくりと巡る深層循環像が明らかになりました。

筆者がターゲットとしたのはレアアースと呼ばれる元素群です。その濃度は一リットルの海水にわずか一ナノグラム（一〇億分の一グラム）程度しか存在しません。しかし、場所や水深によって大きく異なり、海水の循環や栄養物質の供給など様々な現象を解明する手がかりを与えてくれます。さらにこのなかのネオジムという元素は同位体比も重要です。こうした同位体比を調べるためには数十リットル、場合によっては数トンの海水から目的成分を集めることもあります。前述のように海水は、水だけでなく、大量の塩を含んでいます。そのため、この塩を取り除く必要があり、分析対象としては非常に厄介で、高度な化学分離技術が必要となります。

こうした極微量の元素の分析技術は放射性核種の分析にも応用でき、元素や同位体比の分布を調べることで、その供給源や移動を理解することに役立ちます。土・植物・雨などの環境試料や、生体試料（例えば尿・血液・毛髪など）の分析を行うことで、放射性核種による汚染やその移動を研究することができます。被ばく医療総合研究所放射線化学部門では、化学的な手法を用いて体内に取り込まれてしまった放射性核種の量を調べ、内部被ばく線量を評価することに取り組んでいます。

福島第一原発事故の発生と放射性核種の大気への放出

二〇一一年三月に発生した福島第一原発事故時のマスコミ報道では、放射性ヨウ素（ヨウ素131・ヨウ素132）や放射性セシウム（セシウム134・セシウム137）が取りあげられることが多かったですが、その他にも多くの放射性核種が環境中で検出されています。本章で着目する放射性ストロンチウム（ストロンチウム90）もこれに含まれます。

表3-1に福島第一原発の原子炉内に存在した放射性核種の量をまとめました。あまり知られていませんが、もっとも生成量が大きい放射性核種は、キセノン133で、セシウム137と比べて十五倍になります。キセノンは気体状の成分であるため、破損した原子炉からすべて散逸してしまい、大気中に拡散していきました。ストロンチウム90は、放射性セシウムと同程度に生成していました。

放射性核種の炉外への漏洩には地震後の状況が関わっていました。一号機から三号機の核分裂反応を地震発生直後に停止することには成功しました。しかし、津波により冷却システムが停止したため、核燃料の崩壊熱によって炉内の冷却水が蒸発・減少していきました。そして、燃料棒が冷却水から露出し、燃料のメルトダウン、さらに炉内下部へと落下（メルトスルー）したと考えられています。この際、燃料棒内に存在した沸点の低いセシウムやヨウ素は気化し、炉内に拡散しました。その後、原子炉内の圧力を低下させるためのベント放出や原子炉建屋からのスモークの漏洩、原子炉建物内の水素爆発により炉内に存在したセシウム137の約二%が環境中へと放出されました。沸点の高いストロンチウムの大気放出量は、セシウ

表3-1　東京電力福島第一原子力発電所およびチェルノブイリ原子力発電所事故時の放射性核種存在量と放出量の比較

放射性核種	東京電力福島第一原子力発電所				チェルノブイリ原子力発電所　4号炉		
	核燃料内の存在量（ペタベクレル）[2]	大気への放出量（ペタベクレル）[1]	大気への放出割合	滞留水中への流出割合[2]	核燃料内の存在量（ペタベクレル）[3]	大気への放出量（ペタベクレル）[3]	大気への放出割合
Xe-133	11,000	11,000	100%	-	6,500	6,500	100%
I-131	6,300	160	2.5%	32%	3,200	1,760	55%
Cs-134	680	18	2.6%	21%	180	47	26%
Cs-137	700	15	2.1%	20%	280	85	30%
Sr-90	520	0.14	0.027%	1.6%	200	10	5%

（見出しにある肩付き数字は出典を示す）

ム１３７の百分の一程度でした。実際に福島県内の土壌に含まれるストロンチウム９０を分析しても高汚染地域以外では福島第一原発から放出された影響を検出することは難しいです。

チェルノブイリ原子力発電所の事故事例では、可燃性の黒鉛を減速材として利用した原子炉が延焼・爆発し、さらに深刻な事態に陥りました。原子炉そのものが大きく破損することで、核燃料そのものが外部へ放出され、ストロンチウム９０やプルトニウムなどの高沸点の放射性核種までもが環境中へ拡散しました。福島第一原発事故とチェルノブイリ発電所事故で放出された核種や量の違いは、原子炉の種類および放出過程の違いによってもたらされました。

原子炉内汚染水と浄化処理に関する取り組み

放射性核種の大部分は、核燃料とともに原子炉内に残留しており、現在でも冷却水や地下水への汚染源となっていると考えられています。原子炉建屋やタービン建屋には、原子炉の冷却水が漏洩し、一〇万トンもの水が底部に滞留していました。この滞留水は核燃料と接触した可能性があり、**表3-2**に示したように高濃度に汚染されていました。作業員がこの水に触れ、放射線熱傷を負うという事故も発生しました。核燃料の冷却のために原子炉へ投入した大量の水を汚染水として貯留するタンクが必要となりました。この汚染水は除染を完了するまで環境中へ放出することができず、除染と保存は現在も続く大きな課題となっています。

汚染水から放射性核種を取り除くために、これまで様々な取り組みがなされてき

表3-2　二号機タービン建屋内の滞留水中の放射性核種濃度（平成二十三年三月十一日に減衰補正）

放射性核種	半減期	放射能濃度（メガベクレル／リットル）
I-131	8.02 日	52,000
Cs-134	2.065 年	3,100
Cs-136	13.2 日	740
Cs-137	30.07 年	3,000
Ba-140	12.75 日	1,600
La-140	1.68 日	810
H-3	12.33 年	26
Sr-89	50.53 日	1,200
Sr-90	28.79 年	150
Tc-99	211,000 年	1,500
Sb-125	2.76 年	0.23

（参考文献２のデータを基に作成）

ました。事故発生から約二週間後の三月二十七日に原子炉二号機タービン建屋で採取された汚染滞留水中のセシウム１３７は、一ミリリットル当たり三メガ（10の６乗）ベクレルに達していました。ヨウ素１３１の放射能濃度は一ミリリットル当たり五二メガベクレルでしたが、半減期が八日と比較的短く、時間経過による低下が期待できます。また、その他の放射性核種はセシウム１３７よりも濃度が低いため、初期の汚染水除染の対象は、放射性セシウムの除去に主眼が置かれていました。

　フランスのアレヴァ社やアメリカのキュリオン社が開発した汚染水処理装置が導入され、二〇一一年六月から稼働することとなりました。両社とも廃棄物処理やスリーマイル島の原発事故対応の実績がありました。アレヴァ社の除染システムは汚染水に薬剤を添加し、生成した沈殿凝集物に放射性核種を吸着捕集する方式で、キュリオン社製システムはゼオライト等の吸着材に汚染水を通液する方式です。汚染水は油分や懸濁物そして海水注入に由来する塩分などを含むため、汚染水処理は難航したものの一定の除染効果が得られていました。八月中旬からは東芝製のセシウム除去装置ＳＡＲＲＹが稼働しました。これらの除染システムを併用してセシウムを取り除いた上、さらに逆浸透膜装置と蒸発濃縮装置を組み合わせた淡水化装置により浄化を行うシステムが出来上がりました。淡水化装置によって生じた濃縮廃水は汚染水貯留タンクへ保管し、淡水化処理水の一部は、核燃料の冷却水として原子炉へと再循環されています。淡水化処理後の水では、セシウム１３７濃度を一ミリリットル当たり数ベクレルまで低下させることに成功しています[4]。

　その一方で、ストロンチウム９０や水素の放射性同位体であるトリチウムは高濃度に残留していました。ストロンチウム９０の除去には、原子炉冷却に使用された海水が大きな壁として立ちはだかってきました。海水中にはナトリウムやカルシウムが多く含まれており、ストロンチウム９０の除染ができない状況でした。そのため、ストロンチウム９０は二年間に渡ってほぼ未処理のままタンクに貯留されていました。二〇一三年四月になって日立製作所製の多核種除去装置ＡＬＰＳが稼働することで改善されていきます。この時点で二五万トンあった汚染水は、二〇一五年五月には、除去がほぼ完了しました。原子炉建屋内の汚染水については、炉内の核燃料デブリと接触することで再び汚染されるため、ＡＬＰＳによって連続的に浄化される循環システムとなりました。

ＡＬＰＳの稼働後も「地下水の流入」と「トリチウムの残留」という二つの課題が残っています。福島第一原発の原子炉は、地下水流路より低い位置に設置されており、地震によって建屋が破損したことで、地下水が原子炉建屋に流入していました。滞留水は浄化して循環していますが、地下水の流入分だけ汚染水の量は増え続けることになります。浄化された水には依然としてトリチウムが残留するため、海洋へ放出することは議論の最中にあります。二〇二二年には原発敷地内に設置された貯留タンクはすべて満水になる見込みです。二〇一八年九月にもＡＬＰＳ処理水八八万七、〇〇〇トンのうち七五万トンでトリチウム以外の放射性物質にも基準値の超過があったことが公表されました。処理コストや時間を削減するために、処理剤の限度を超えて使用したことが原因とされており、廃炉への工程についても大きな見直しが施される可能性があります。

海洋への汚染水直接漏洩の影響

日本の原子力発電所は、核燃料とは接触しない冷却水として海水を利用するため海岸線に設置されており、有事の際には海洋へと放射性核種が漏洩するリスクがあります。今回の事故でも二号機の原子炉建屋およびタービン建屋に溜まった汚染水が地震によるひび割れから漏洩し、点検抗（トレンチ）を通じて、原発の港湾部まで到達しました。この時の原子力発電所近傍および港湾内の海水中のセシウム１３７濃度がウェブ上に公開されており、その影響を知ることができます。五号機・六号機の冷却水を放出するための北放水口付近に監視用の採水地点（T-1）が設置されています（**図3-1**）。ここで観測された海水中のセシウム１３７濃度（**図3-2**）は二〇一一年三月二十一日から一リットル当たり一万ベクレルを超える高い値を示し、最大となったのは同年四月六日の六万八、〇〇〇ベクレル／リットルでした。ひび割れ部分に固化剤を封入することで漏洩は収まり、同年四月六日から四月末まで指数関数的に減少しています。この時の漏洩量は、大気放出に次いで大きく三・五ペタ（10の15乗）ベクレルと見積もられています。[5]

この「直接漏洩」が「大気放出」と大きく異なる点は、核燃料に接触し、汚染された滞留水が漏洩した点です。滞留水には放射性セシウムやヨウ素だけでなく、放射性ストロンチウムやプルトニウムなどの放射性核種も存在していました。その絶対量は少ないものの東京電力によるモニタリングや二〇一一年六月に実施されたハワイ大学の学術研究船Ka'imikai-O-Kanaloa号による研究航海では、福島県沿岸に広がった放射性核種が黒潮によって太平洋の外洋域へと輸送されていく様子が捉え

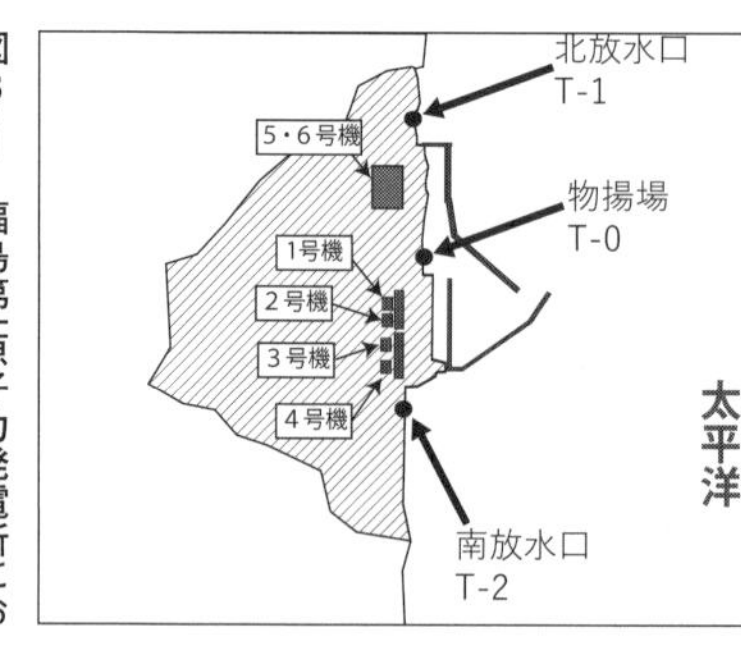

図3-1　福島第一原子力発電所における代表的な海水モニタリング地点

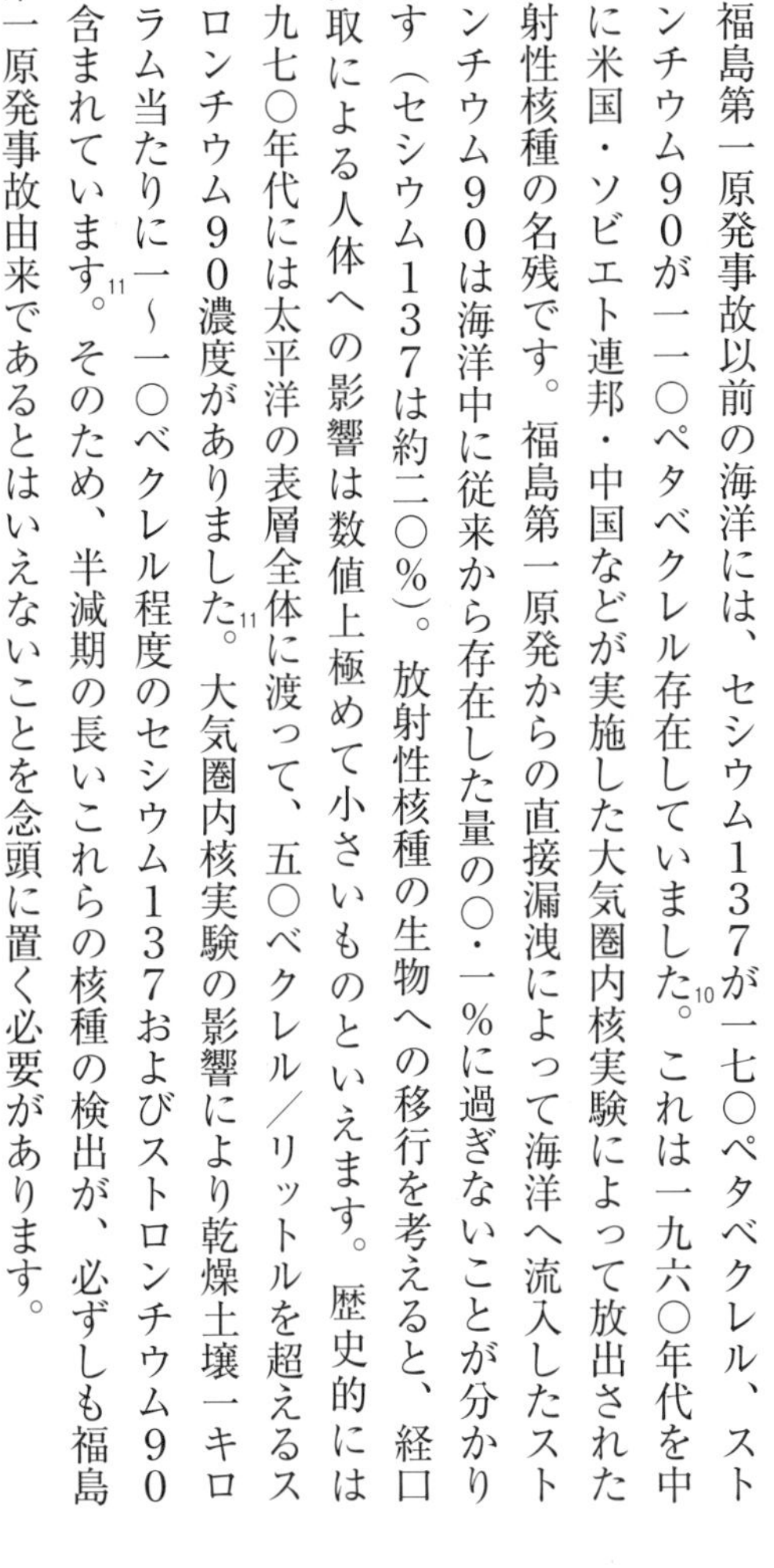

られました。[6] それまでほとんど報告のなかったストロンチウム９０についても同時に観測されています。[7] この時のセシウム１３７濃度はストロンチウム９０の四〇倍であり、二〇一一年三月下旬の直接漏洩によるものであることは間違いないです。直接漏洩によるストロンチウム９０の漏洩量は、九〇～九〇〇テラ（10の12乗）ベクレルと見積もられています。この研究発表時点ではセシウム１３７の見積もりが三・五[5]～一六・二[8]ペタベクレルとばらついていましたが、現在ではセシウム１３７は三・六ペタベクレルであることが共通の認識となっています。[9] これに照らせばストロンチウム９０はその四〇分の一の約九〇テラベクレルとなります。

　福島第一原発事故以前の海洋には、セシウム１３７が一七〇ペタベクレル、ストロンチウム９０が一一〇ペタベクレル存在していました。[10] これは一九六〇年代を中心に米国・ソビエト連邦・中国などが実施した大気圏内核実験によって放出された放射性核種の名残です。福島第一原発からの直接漏洩によって海洋へ流入したストロンチウム９０は海洋中に従来から存在した量の〇・一％に過ぎないことが分かります（セシウム１３７は約二〇％）。放射性核種の生物への移行を考えると、経口摂取による人体への影響は数値上極めて小さいものといえます。歴史的には一九七〇年代には太平洋の表層全体に渡って、五〇ベクレル／リットルを超えるストロンチウム９０濃度がありました。[11] 大気圏内核実験の影響により乾燥土壌一キログラム当たりに一～一〇ベクレル程度のセシウム１３７およびストロンチウム９０が含まれています。[11] そのため、半減期の長いこれらの核種の検出が、必ずしも福島第一原発事故由来であるとはいえないことを念頭に置く必要があります。

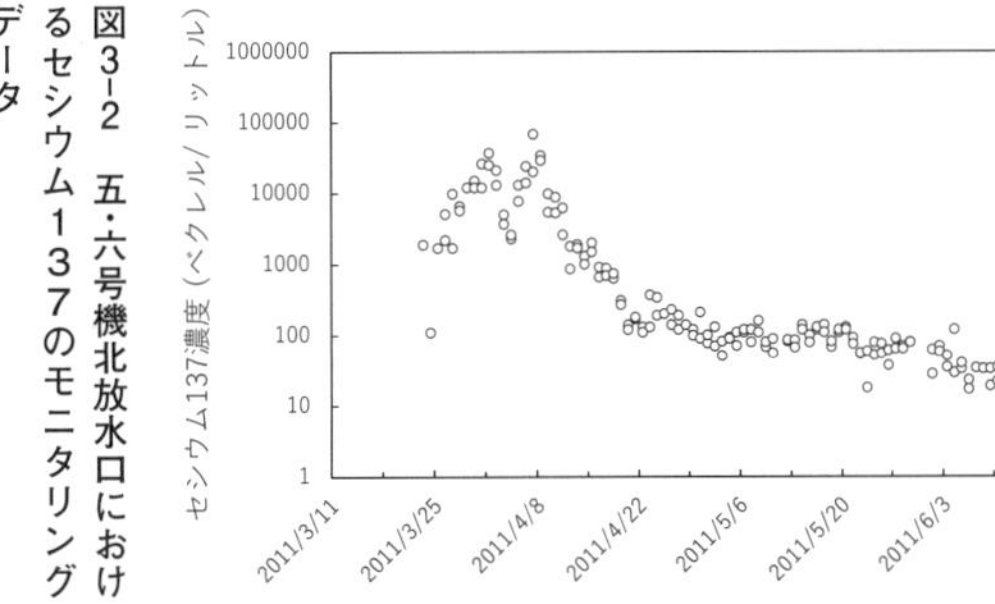

図3-2　五・六号機北放水口におけるセシウム１３７のモニタリングデータ

東京電力のモニタリングにはセシウム137以外にもストロンチウム90などの放射性核種が含まれています。ストロンチウム90の観測頻度は極めて粗いものですが、長期的な傾向を把握するためには重要なデータです。セシウム137濃度は、原子炉建屋からの「直接漏洩」による急激な増減やその後の除染の効果による緩やかな減少傾向など顕著な変動が見られました。一方で、ストロンチウム90濃度は明確な変化を読み取ることが困難です。そこで、セシウム137濃度とストロンチウム90濃度の比率を**図3-3**にプロットしてみます。事故から一ヶ月経過した四月十八日に初めてストロンチウム90濃度に関する海水の分析値が得られています。この時の原発北側（T-1）で観測されたストロンチウム90濃度は七・七ベクレル／リットルでした。この時点でもストロンチウム90濃度は世界保健機構（WHO）が定めた飲料水のガイダンスレベル（一〇ベクレル／リットル）よりも低い値でした。一方、セシウム137濃度は七四〇ベクレル／リットルとストロンチウム90濃度の約一〇〇倍の濃度があり、「直接漏洩」の影響が色濃く残っています。その後、二〇一三年三月頃までストロンチウム90濃度は〇・一～九ベクレル／リットルの間でばらついており、顕著な変化はみられませんでした。しかし、**図3-3左下**に示したセシウム137濃度とストロンチウム90濃度の比率は、徐々に増加し、二〇一三年三月には両者の濃度はほぼ同等になっています。こうした変化は前述の汚染水除染の状況とリンクしています。汚染水はSARRYによりセシウムの除染が進められ、セシウム137濃度が減少していきます。これと同期するように海水中の放射性セシウム濃度も減少しています。このことは、汚染水が海洋の汚染の起源となり継続的に外部へと流出していることの証左ともいえます。東京海洋大学の神田穣太博士は、こうした東京電力のモニタリングデータから継続的な汚染水流出の状況を解析し、二〇一二年夏季の時点で一日当たり八・一ギガ（10の9乗）ベクレルのセシウム１３７が海洋へと継続的に放出されていることを発表しました。[12]

汚染源が原子炉であるということは、滞留水に溶け込んだ他の放射性核種も同様に漏れ出ていることにつながります。滞留水に関する放射性核種の情報は極めて限られていますが、二〇一二年二月七日に採取された汚染水の分析結果では、セシウム１３７濃度が二四万ベクレル／リットル、ストロンチウム９０濃度が一七万ベクレル／リットルで、事故直後よりも両者の濃度が近付いています。現在までに報告されている海水・土壌・海洋堆積物・生物などの環境試料中のストロンチウム９０は、人体や野生動物に影響をおよぼすレベルよりもはるかに低い濃度でした。分析が困難であることとストロンチウム９０の汚染の状況が深刻ではないため、ストロンチウム９０に関する環境データは非常に少ないです。しかし、ストロンチウム９０の変動は、原子炉内や貯留されている汚染水の状況を顕著に反映しています。そのため原子炉や汚染水に関わる異常事象を遅

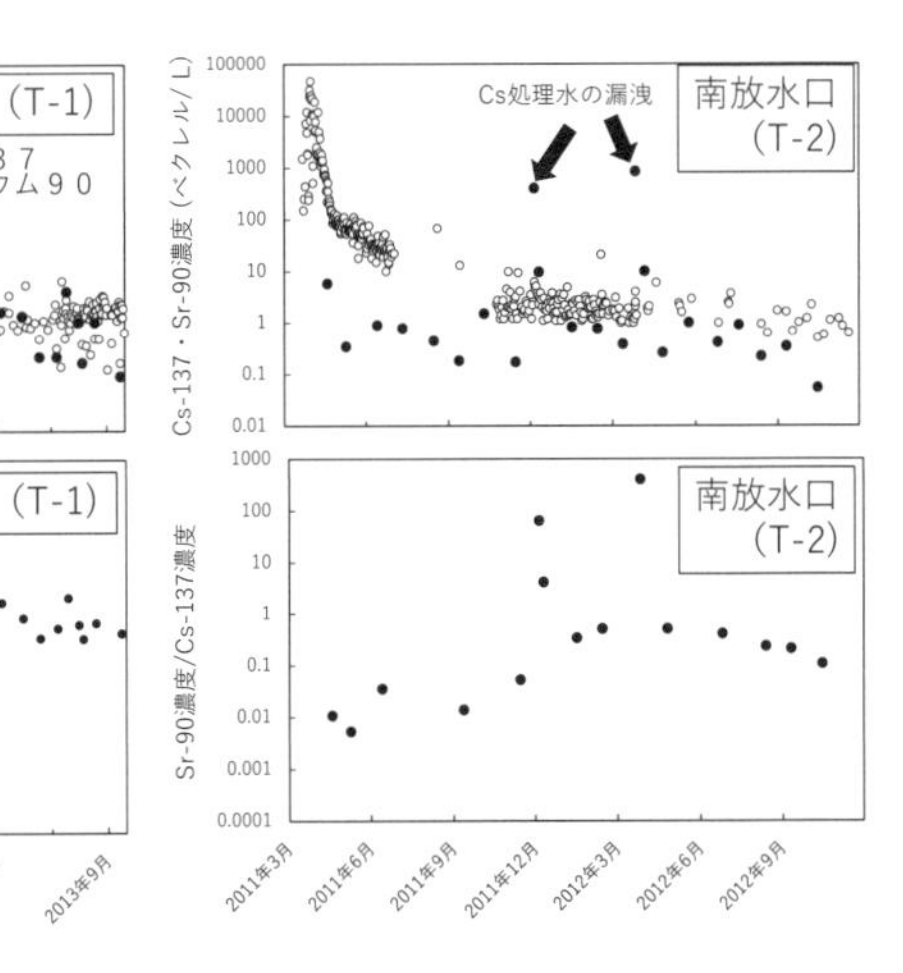

図３−３　五・六号機北放水口（Ｔ−１）および南放水口（Ｔ−２）におけるセシウム１３７濃度、ストロンチウム９０濃度およびストロンチウム９０／セシウム１３７比のモニタリングデータ

ます。

滞なく捉え汚染の拡大を防止するために、常時監視を行うことは極めて重要となり

現在でも原発近傍海域のセシウム137濃度は事故前を超える値を維持しており、一日当たり二ギガベクレルのセシウム137の継続的な漏洩があります。[13] 原子炉内の汚染水の分析値として約一〇〇メガベクレル／リットルと報告されています。この濃度を流出する汚染水のものと仮定すると、滞留水の漏洩量は一日当たり五〇リットル（＝一分当たり三十五ミリリットル）となります。さらに言い換えるとコップ一杯分が漏れ出るのに五分かかるということになります。非常に広大な原子力発電所の敷地からこの微少な漏洩を見つけ出すことは困難であることが分かると思います。汚染水には地下水が混入・港湾に流出していると考えられていることはすでに述べた通りです。この地下水の供給を断つために地下水の汲み上げや凍土壁（陸側遮水壁）の設置が行われました。また、海洋への流出を阻止するために原子炉と港湾の間にも鉄製の杭を岩盤層まで打ち込み海側遮水壁を形成しました。この効果については後述しますが、こうした効果を検証するために汚染源を推定する指標となるストロンチウム90やトリチウムの逐次分析が必要となります。

この例として、二〇一一年十二月に生じた淡水化システムからの漏洩が挙げられます。同年十二月四日に淡水化システムを構成する蒸発濃縮装置から一一〇メガベクレル／リットルのストロンチウム90を含む汚染水が海洋へと流出しました。汚染水の推定量は約一五〇リットルで、一六・五ギガベクレルのストロンチウム90を含んでいます。この影響は原発南側のモニタリングポイント（T－2）で検出さ

れており、同年十二月五日のストロンチウム９０濃度が五〇〇ベクレル／リットルまで急上昇しました（**図3-3 右上**）。この漏洩水はすでにセシウム１３７を取り除いたものであるためセシウム１３７濃度は十五ベクレル／リットルに過ぎません。そのため、ストロンチウム９０濃度がセシウム１３７濃度の三十二倍となっており、両者の比率は逆転していました。北放水口付近のＴ-１では漏洩直後の分析結果は報告されず、直近の報告値は漏洩から六日後の十二月十日で三・九ベクレル／リットルでした。すでに漏洩した影響は薄れてしまっており、監視の役割を果たしていません。同様の漏洩は二〇一二年三月二十六日にも発生しており、Ｔ-２でのストロンチウム９０は観測開始以来最高値の四〇五ベクレル／リットルでした。この時にもＴ-１では、欠測となっています。

新規ストロンチウム９０分析法の開発

ここでは、なぜ放射性ストロンチウムのデータがセシウムほど揃っていないのかについて、分析の方法に基づいて説明したいと思います。セシウム１３７とセシウム１３４は、放射壊変によって放出されるガンマ線を計測することで定量することができます。ガンマ線は放射性核種によって異なるエネルギーを持っています。そのため、複数の放射性核種が混在した状態でも識別が可能で、同時に定量することができます。厳密な取り扱いは必要ですが、手順としては容器に試料を密封して、高純度ゲルマニウム半導体検出器と呼ばれる測定器で計測するだけです。そのため、一日おきのモニタリングデータを報告することが可能です。一方で、ストロンチウム９０はガンマ線を放出しない珍しい核種です。ベータ線は物質の透過力が小さいために不純物があると測定器に届かずに値を低く見積もってしまうことがあります。また、核種を区別することもできません。そのため、他の放射性核種、例えばセシウム１３７が取り除かれていないと本来の値よりも高く見積もってしまいます。ストロンチウムは、環境中に豊富に存在するカルシウムと似た性質を持っており、分離には非常に手間がかかります。これらの理由のためストロンチウム９０の分析は放射化学分析の中でも最も困難な項目の一つとされています。

　日本ではこうした分析を確実に達成するために、文部科学省が制定した公定法と呼ばれる分析手順が重用されています。しかし、公定法によるストロンチウム９０分析法は、非常に複雑かつ多くの操作を必要としています。端的にいえば面倒で時間がかかる方法なのです。例えば海水を対象物として核実験由来のストロンチウム９０（一リットル当たり約〇・〇〇一ベクレル）を検出するためには二〇リットルの海水からストロンチウムのみを抽出し、ベータ線を計測する必要があります。設備の整った環境アセスメント関連企業であっても、この分離操作には一週間以上の時間がかかります。委託分析では分析所要時間はそのまま経費に反映されるため、セシウム１３７分析の十倍以上の価格になることが多いです。実際に東京電力での精密な分析値がウェブ上に公開されるまでには、試料採取から数ヶ月の期間を要しています。

　図3-4に福島第一原発に関わる二〇一一年から二〇一二年までの水系試料のセシウム１３７とストロンチウム９０の濃度分布を概念化したものを示しました。

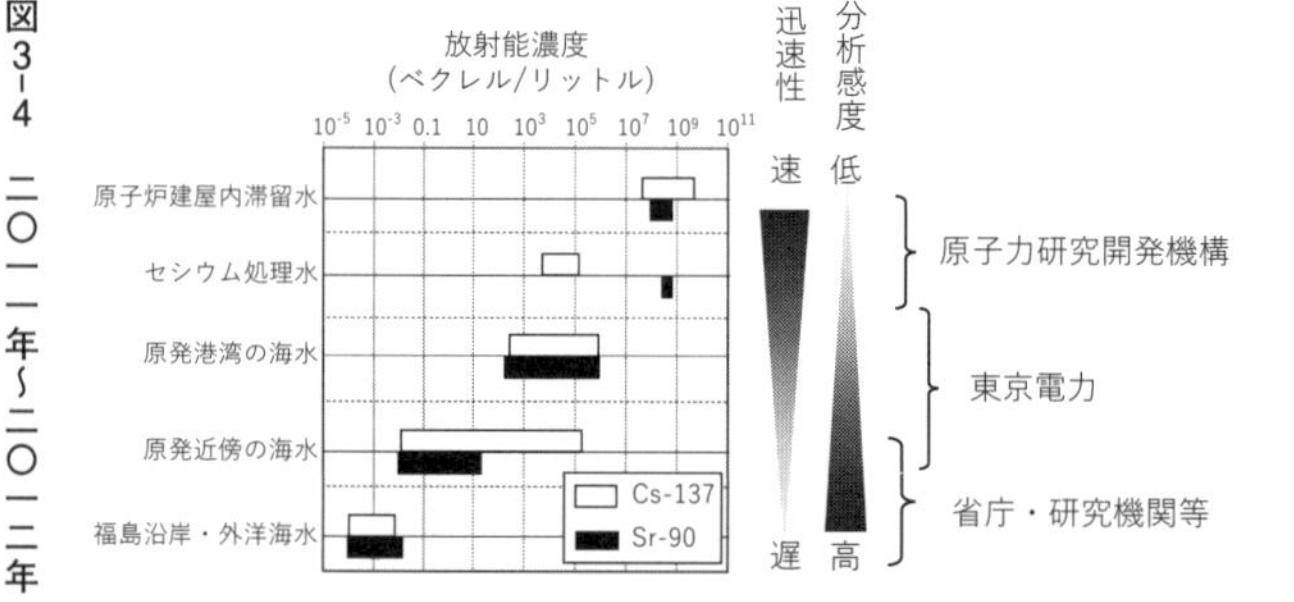

図3-4　二〇一一年〜二〇一二年における福島第一原子力発電所に関わる水試料中の放射性セシウムおよびストロンチウムの濃度分布と分析要件

二〇一三年前半までのデータをまとめたものであるため、汚染水では除染により現在の濃度は低下しているものが多くなっています。最も濃度の高い原子炉建屋内の滞留水は〇・一～一ギガベクレル／リットルのセシウム137およびストロンチウム90が存在していました。[4] 逆にもっとも低い外洋海水は〇・〇〇一ベクレル／リットル以下の濃度に過ぎず、[11] 両者の間には最大で十二桁の差があります。原子炉内の汚染水を分析するためにも化学分離は必要です。この汚染水中の放射性核種濃度は極めて高く、プルトニウムやアメリシウムなどのアルファ線放出核種も共存するため、特殊な技能を有する日本原子力研究開発機構が分析を担当してきました。次いで高濃度になる除染装置の処理水や原発港湾内外の海水については東京電力が分析を担当しています。これらの試料は除染システムや汚染水貯留タンクからの漏洩を監視するために極めて重要な役割を担っており、正確であるだけでなく、迅速性も要求されます。しかし、実情としては分析値が公開されるのは試料採取から一ヶ月以上経過した後になることもありました。原発近傍の海水や外洋海水は、東京電力に加え、大学等の研究機関や水産庁や環境省などのモニタリングでも分析が行われました。ほとんどの海域では極めて低い濃度であるため、大量の海水から化学分離によって精製した試料を長時間計測することで検出下限放射能を低減しています。この結果から事故以前より存在する核実験由来の放射性核種との濃度差を算出し、福島第一原発からの寄与の有無を判定することが可能となります。しかし、分析時間を要するため、多数の観測点で頻繁にデータを得ることは難しいです。

　このように分析対象とする試料によって要求される迅速性や分析感度が異なり、

最適な分析法を選定することが肝要となります。福島大学の研究グループは、ストロンチウム９０の分析を迅速化するために、ＩＣＰ質量分析法を用いました。[14] ストロンチウム９０の化学分離処理システムを質量分析装置と連携させ、分析操作を自動化・迅速化することに成功しています。この方法では低塩分の水試料であればＷＨＯの飲用水ガイダンスレベル（一〇ベクレル／リットル）よりも低い二・三ベクレル／リットルまでのストロンチウム９０を検出でき、ＳＡＲＲＹによるセシウム処理水の分析に有用でした。自動分析により分析作業者の被ばくを低減することも重要なメリットです。ただし、この分析方法は海水や港湾近傍の地下水のように塩濃度の高い試料には適さず、分析感度の点でも放射化学分析が三桁程度優れています。

高塩分試料のストロンチウム９０分析には、ストロンチウムレジンやストロンチウムラドディスクと呼ばれるストロンチウムの吸着剤が用いられます。ストロンチウムの濃縮と、妨害となる放射性核種や塩類の除去ができるため、信頼性が高い分析法です。また、分析装置としてベータ線スペクトロメータを用いることで、放射性核種の種類の確認も可能です。分析できる感度は、試料の量・操作中の回収率・放射線の計数効率・計測時間に依存しています。東京電力の公表する分析値に関して詳細な情報は明示されていませんが、おおよその推定は可能です。例えば一〇〇ミリリットルの試料からすべての放射性ストロンチウムを化学分離し、一時間のベータ線計測を行えば、〇・二ベクレル／リットル程度までの分析が可能です。原発港湾内および近傍の海水のストロンチウム９０分析では〇・〇〇五～〇・〇一ベクレル／リットル程度の検出下限値が報告されているため、数リットル以上の海水試料を分析試料として用いていると考えられます。ただし、この濃度レベルは福島第一原発事故以前の値よりも一桁高い値であり、検出下限値以下であることは漏洩がないことと同義ではないことに注意が必要です。

東京電力では手間と時間のかかるストロンチウム９０分析の代替えとして、全ベータの計測を多用しています。この計測法では分析試料一〇ミリリットルを赤外ランプで乾燥させ、ここから放出されるベータ線を計数します。しかし、他のベータ線放出核種が共存する状態では、過大評価となります。一方、塩を含む試料では不純物によってベータ線は吸収されてしまい、過小評価となります。この方法はセシウム処理水のように塩類や放射性セシウムが十分に少ない分析対象物の確認のためには有用ですが、分析の緊急性のある海水や地下水には適切な分析手法とはいえません。塩濃度の調節やガンマ線計測との併用などで信頼性を改善する手段はありますが、あくまで一桁程度の不確かさを見込む必要のあるスクリーニング検査といえます。

弘前大学ではこうした状況の改善を提案するために、迅速かつ簡便で実用的な分析法の開発を試みました。[15] ストロンチウム９０の分析では、永続平衡（放射能が等しい）にある子孫核種のイットリウム９０のベータ線を計測することで間接的に定量する方法も用いられます。イットリウムの化学的性質はストロンチウムとは大きく異なり、酸性水溶液中では三価の陽イオンとして溶存し、弱アルカリ性条件では容器の壁面や水中の粒子に吸着します。一方、ストロンチウムの水溶性は極めて高

＊全ベータ放射能測定
スクリーニング検査として、放射性核種を分離する化学処理を行わず、ＧＭサーベイメータやガスフロー型比例計数管を用いて、すべてのベータ線を計測する。水試料の場合は赤外ランプなどを用いて蒸発乾固した後、計測に用いる。
ＷＨＯ飲料水水質ガイドラインではスクリーニングの手段として全ベータ放射能測定が示されており、全アルファ線で〇・五ベクレル以上、ベータ線では一ベクレル以上の放射能を超える場合に限って、個々の放射性核種について分析を行うとされている。全ベータ放射能測定は、予測作用素が多いために使い方を誤ると危険である。本格的な検査には適さないが、用途と方法を誤らなければ有用な手段であり得る。

く、常に二価の陽イオンとして存在します。そのため、ストロンチウム９０とイットリウム９０は簡単に分離することができます。通常は、酸性化した水溶液試料に鉄イオンを加え、中和したときに生成する沈殿物をろ紙に集めることでイットリウム９０を回収します。ただし、この沈殿物には鉛やビスマスという他の放射性核種を含む元素も共存します。これらの放射性核種の分離に時間を費やすと、半減期（六十四時間）が短いイットリウム９０は減衰してしまいます。筆者らがＤＧＡレジンというキレート樹脂を用いて新規に開発した固相抽出法では、イットリウムの抽出時間はわずか一時間程度で減衰は問題になりません。

この研究では分離処理時間や保管スペースなど実際の運用を考慮して、最大で三リットルまでの海水試料を用いてストロンチウム９０の定量法を開発しました。海水をＤＧＡレジンで分離すると、非常に純度の高いイットリウム９０が得られ、放射性核種の識別能力がないベータ線計測でも正確に定量できます。弘前大学での検出下限放射能濃度は約〇・〇〇一五ベクレル／リットルとなり、福島第一原発事故以前の値に迫る分析性能を持つことになります。つまり、原発からの新たな漏洩があれば、それを検知することができるということです。

この分析法は共存イオンの濃度に依らず、高い分離性能を有します。そのため、海水以外にも土壌試料や魚の骨などの生物試料にも適用することができ、様々な場面で利用が可能です。また、処理工程は非常にシンプルであるため自動分離システムを構築してオートメーション化も容易です。今後も適用範囲を拡充して様々な場面で利用されることが期待できます。

原子力発電所近傍における観測結果

最後に本学で開発した分析法を実際の海水試料に適用した分析例を紹介します。筆者は二〇一二〜二〇一六年にかけて海洋研究開発機構の学術研究船「新青丸」を用いて福島第一原発近海および福島県沿岸の海洋観測を実施してきました。二〇一四年十月に実施した航海では、原発を中心とした五キロメートル内で複数の表面海水試料を採取して、ストロンチウム９０およびセシウム１３７の分析を実施しました。原発に最も近い採水地点では原子炉建屋から一キロメートル、港湾口から五〇〇メートルほどの距離でした。ほとんどの採水地点ではストロンチウム９０濃度は〇・〇〇〇三〜〇・〇一ベクレル／リットルでしたが、原発港湾口の北側に位置する試料では特異的に高い濃度のストロンチウム９０が観察されました。ストロンチウム９０濃度は〇・一五ベクレル／リットルに達しており、原発港湾外では極めて高い値といえます。さらに重要なことは、三〇〇メートル程度北側の採水点ではその影響は全く見られず二桁低い濃度であることです。これは高濃度のストロンチウム９０を含む原発から流出した水がまだ十分に拡散・混合していないことを示しています。原発敷地内の地下水位は潮汐と連動した日周変動を示し、汚染水の流出もこれと同期して起きていると予想できます。この研究航海で観測された不均一な濃度異常は、引き潮によって引き出された汚染水が拡散する前に検出されたものだと考えられます。二〇一四年の秋にも継続的な汚染水の漏洩が続いていることの証拠となります。

数日後に同様の観測を行ったところ、濃度異常は観測されず、流出を克明に捉えるためには観測のタイミングも重要であることも分かりました。セシウム１３７濃度は一・二四ベクレル／リットルで、ストロンチウム９０の約九倍でした。この比率は原子炉建屋の汚染水や原子炉建屋近傍の地下水よりもはるかに高く、さらに重大な事実を示しています。汚染源として今まで考えられていた原子炉建屋汚染水やストロンチウム９０の残留するタンク内の貯留水のような汚染源だけでは、この組成を説明することができません。そのため、セシウム１３７を多く含む未解明の汚染源が存在することを暗示する結果となりました。

この一年後、二〇一五年十月には、最大〇・二七ベクレル／リットルのセシウム１３７の高濃度プルームが数キロメートルの広範囲に渡って見つかっています。しかし、ストロンチウム９０はすべて検出下限値（〇・〇〇三ベクレル／リットル）以下でした。セシウム１３７とストロンチウム９０の比率は前年よりもさらに低下し、明らかにセシウム１３７のみを含む汚染源からの寄与を反映していました。この研究航海の当時、原子力発電所内でも重大な変化がありました。海側遮水壁といわれる鉄製の壁が一号機から四号機と港湾を仕切るように設置された時期に当たります。海側遮水壁は、原子炉建屋から海洋への汚染水の流出を食い止めるために建設されたものです。原子炉近傍における海水中のストロンチウム９０は、海側遮水壁設置前の二〇一四年十月から二〇一五年九月の平均濃度が五十七ベクレル／リットルでしたが、二〇一五年十月から二〇一六年六月の平均では二ベクレル／リットルになり、三〇分の一に減少しました。汚染拡大の措置として大きな進展を成し遂げたといえます。その一方で同地点のセシウム１３７濃度は三分の一程度の減少に留まっていました。つまりストロンチウム９０の主要な汚染源はほぼ完全に遮断することができましたが、セシウム１３７に関しては別の汚染源が存在する可能性が明瞭になったということです。

現在でもセシウム１３７は一日当たり二ギガベクレル程度の放出が見込まれていますが[13]、ストロンチウム９０を含まずセシウム１３７に富む汚染源を説明するには至っていません。未だに一号機から三号機までの核燃料と放射性核種のほとんどは、破損した原子炉内に残存し、核燃料の取り出しや原子炉の廃棄処理など長期間に渡る廃炉作業が継続するためには、経常的な監視やそれに関わる分析技術の開発は不可欠となります。セシウム１３７は分析が簡単である一方で、原発近傍のさまざまな場所が汚染されており、必ずしも監視の有用な指標とはいえない場合があります。本章で取り上げたストロンチウム９０に加え、ヨウ素１２９、トリチウムなど半減期が長く、原子炉内に残留する放射性核種の精密分析を高頻度で継続することが、更なる異常事象を未然に防ぐあるいは迅速に検知するために必要な備えとなると期待されます。

（田副博文）

こぼれ話

「検出/未検出」への理解

二〇一一年には放出された放射性核種について様々な報道がありました。ツイッターやフェイスブックなど個人が気軽に情報を発信するツールも発達しており、情報が真偽を問わず氾濫していました。放射性ストロンチウムに関する情報で思い出されるのは、二〇一一年十一月に横浜市内で放射性ストロンチウムが「検出」されたということです。色々な場面で「検出」されたという記事を目にしました。横浜の事例では政府の依頼で、公益財団法人日本分析センターが公定法による再精密分析を行ったところ、非常に低い濃度であったことが分かりました。つまり、分析が正しくなかったのだろうということです。そして、事故前と比べ変化があったとはいえないとの結論に至りました。こうした記事を目にした時、常に思うことは、検出下限値はどの程度なのか?信頼できる分析者なのか?そして、検出されたからといって福島第一原発由来といえるのかということです。分析値が正しかったとしてもその解釈が誤っていれば、正しい評価ができなくなりますので、情報を集め客観的な判断をすることが必要となります。

参考文献

1 「原子力安全に関するＩＡＥＡ閣僚会議に対する日本国政府の報告書―東京電力福島原子力発電所の事故について―平成23年６月　原子力災害対策本部」
https://www.kantei.go.jp/jp/topics/2011/iaea_houkokusho.html

2 Nishihara K, et al., Radionuclide release to stagnant water in the Fukushima-1 nuclear power plant1: Fukushima NPP Accident Related (Translation). J. Nucl. Sci. Technol. 2014 (ahead-of-print): 1-7.

3 原子放射線の影響に関する国連科学委員会著・独立行政法人放射線医学総合研究所監訳・発行『電離放射線の線源と影響　ＵＮＳＣＥＡＲ　２００８年報告書』第２巻、科学的附属書Ｄ「チェルノブイリ事故からの放射線による健康影響」二〇一三年

4 経済産業省「廃炉・汚染水対策チーム会合／事務局会議（第20回）」報告資料、二〇一五年七月

5 Tsumune D, et al. Distribution of oceanic Cesium-137 from the Fukushima Dai-ichi Nuclear Power Plant simulated numerically by a regional ocean model. J. Environ. Radioact. 2012; 111: 100–108.

6 Buesseler KO, et al. Fukushima-derived radionuclides in the ocean and biota off Japan. Proceedings of the National Academy of Sciences of the United States of America. 2012; 109(16): 5984–5988.

7 Casacuberta N, et al. ^{90}Sr and ^{89}Sr in seawater off Japan as a consequence of the Fukushima Dai-ichi nuclear accident. Biogeosciences. 2013; 10(6): 3649-3659.

8 Rypina I, et al. Short-term dispersal of Fukushima-derived radionuclides off Japan: modeling efforts and model-data intercomparison. Biogeosciences Discussions. 2013; 10(1): 1517–1550.

9 Tsumune D, et al. One-year, regional-scale simulation of セシウム１３７ radioactivity in the ocean following the Fukushima Dai-ichi Nuclear Power Plant accident. Biogeosciences. 2013; 10(8): 5601–5617.

10 Povinec PP, et al. Cesium, iodine and tritium in NW Pacific waters - a comparison of the Fukushima impact with global fallout. Biogeosciences. 2013; 10(8): 5481–5496.

11 Povinec PP, K. Hirose, and M. Aoyama, Radiostrontium in the Western North Pacific: Characteristics, Behavior, and the Fukushima Impact. Environ. Sci. Technol. 2012; 46(18): 10356–10363.

12 Kanda J, Continuing セシウム137 release to the sea from the Fukushima Dai-ichi Nuclear Power Plant through 2012. Biogeosciences. 2013; 10: 6107–6113.

13 青山道夫「四度東京電力福島第一原子力発電所事故に由来する汚染水問題を考える」『科学』（岩波書店）、二〇一八年七月号

14 Takagai Y, et al. Sequential inductively coupled plasma quadrupole mass-spectrometric quantification of radioactive strontium-90 incorporating cascade separation steps for radioactive contamination rapid survey. Anal. Methods. 2014; 6: 355–362.

15 Tazoe H, et al., Determination of strontium-90 from direct separation of yttrium-90 by solid phase extraction using DGA Resin for seawater monitoring. Talanta. 2016; 152: 219–227.

第4章

放射線防護剤開発の歴史と役割

はじめに

一八九五年にX線が発見されてからこれまで、放射線[*]の医療や産業での活用が広がる一方で、その身体への影響も問題となりました。その後の核開発、東西冷戦や宇宙開発、国内での東海村JCO臨界事故や東京電力福島第一原子力発電所（以下、福島第一原発という）事故を経るにともない、有効な放射線防護剤の開発は重要な課題となっています。

この章では、特に高線量放射線の体外被ばく（外部被ばく）による急性放射線障害に対する放射線防護剤や障害軽減剤開発に至る歴史的経緯、薬剤の概要や私たちの研究成果の一端について紹介します。

放射線の人体への影響

放射線による人体への影響は、放射線の種類（アルファ線、ベータ線、ガンマ線、X線、中性子等）、放射線被ばく線量や線量率、被ばく時間や回数、さらには感受性の個体差にも依存します。放射線の人体への影響は「確定的影響」と「確率的影響」の二つに分類されます。

確定的影響―被ばく線量が一定の線量（その量を「しきい値」と呼ぶ）を超えると症状が発生し始め、線量の増加にともない発生する症状の重篤度が高くなるもので、このしきい値は組織・臓器により異なりますが、放射線被ばくとの因果関係は明瞭です。主な症状としては、脱毛、白内障、皮膚の障害、造血能低下、不妊等が挙げられます。全身照射では三～五グレイ[*]の放射線にばく露された個体の半数

放射線
正確には電離放射線が正しいが、ここでは敢えて放射線と略記する。

グレイ（Gy）
放射線のエネルギーがどれだけ物質に吸収されたかを表す単位。

は、六〇日以内に骨髄障害により死亡します（骨髄死）。

確率的影響―しきい値がないと仮定され、「放射線を受ける量が多くなるほど影響が現れる確率が高まる」現象を指します。低線量域でも線量に依存して影響（直線的な線量反応）があると仮定して、放射線防護の基準を定めています。がんや白血病は確率的影響ですが、被ばく線量と発がんとの関係はおよそ一〇〇～二〇〇ミリシーベルト*以上で、ほぼ直線的に線量とともに発がんリスクが上昇することが分かっています。

しかし放射線の量が多くなったからといって、ただちに症状が重くなるわけではありません。また、一五〇ミリシーベルト以下では、直線的にリスクが上昇するかどうかは明らかではありません。遺伝性影響については、広島・長崎の原爆被ばく者等の疫学調査の結果から、被ばく者の子どもや小児期に放射線治療を受けた患者の子ども等において、これまでに遺伝性の疾患が増えたという証拠は得られていません。

放射線の発見と放射線防護剤開発の始まり

一八九五年十一月八日金曜日の夕方、ドイツ人物理学者のヴィルヘルム・コンラート・レントゲンは、暗室で陰極線管から発生する蛍光が漏れないように厚い黒色の紙に包んだ状態で実験を行っている最中に、発生する陰極線が届かないところに置いてある蛍光板が暗闇の中で光り始める不思議な現象に遭遇します。彼はこの現象をさらに詳細に検討し、この性質不明の未知の線をX線と名付けました。これ

＊シーベルト（Sv）
放射線を受けたときの人体への影響を表す単位。

が放射線の発見です。

彼はこの功績で一九〇一年に第一回ノーベル物理学賞を受賞しています。しかしながら翌年、このX線による急性皮膚疾患、眼の痛み、皮膚炎のない脱毛、および火傷が報告されたのです。ある意味では、これが放射線生物学の始まりでもありました。

数年後には、X線を活用した放射線療法によりヒトの皮膚がんの治療にスウェーデンの二人の医師が成功しています。翌一八九六年に、フランス人物理学者であるアントニー・アンリ・ベクレルによって、ウラン塩からX線同様の放射線が発生していることが見出され、これが放射能*の最初の発見です。さらに一八九八年、ポーランド人物理学者であるマリー・キュリーと夫ピエール・キュリーは、ウラン鉱石から新しい放射性同位元素「ラジウム」を発見しました。彼らはこの功績により一九〇三年にノーベル物理学賞を受賞し、これは女性初のノーベル賞受賞でもありました。

その後マリー・キュリーは一九三四年七月四日に再生不良性貧血のため六十六歳で亡くなりましたが、これは彼女の長年に渡る放射線被ばくに起因していると考えられています。当時は放射線の有害な生体影響への理解不足で、放射線防護対策は取られておらず、彼女はラジウムなどの放射性同位元素が入った試験管をポケットに入れて持ち歩き、机の引き出しに保管し、暗闇の中でラジウムが発する光をしばしば眺めていたと後に語っています。何十年にも渡る放射線被ばくで様々な病気(白内障により最後はほぼ失明した)になり死に至りましたが、彼女は放射線被ば

放射能
放射性物質が放射線を出す能力。

くによる健康障害については最後まで認めませんでした。

このように放射線および放射能発見の歴史は、放射線による生物影響研究の歩みと共にあります。放射線発見から約五〇年後の一九五三年に、ジェームズ・デューイ・ワトソンとフランシス・クリックによりＤＮＡの分子構造が解明され、「核酸の分子構造および生体における情報伝達に対するその意義の発見」という遺伝子研究の進展により、ＤＮＡ二重らせん構造モデルの提唱と、遺伝情報の分子構造ならびにその伝達機構を説明しました。すなわち、細胞内の遺伝子がＤＮＡであり、現在ではこのＤＮＡが放射線の標的とされています。

放射線防護剤研究の始まりは、一九四八年に米国の研究グループが放射線ばく露前に大量のシステインを投与すると、全身X線照射したマウスを放射線の障害から守ることができるという発見に遡ります。同じ時期にベルギーのグループが、システインの分解生成物であるシステアミンに同様の効果を発見しています。システインは今ではしみやそばかす防止のサプリメントとして広く市販されているアミノ酸の一つですが、放射線防護剤としてのシステインは、放射線照射後の投与では効果が得られない事や、大量投与で悪心および嘔吐を誘発する等の理由で人への応用には至りませんでした。

二つの研究グループが放射線防護作用を示す化合物を見出した一九五〇年頃は、第二次世界大戦で広島と長崎に原子爆弾が投下され日本が終戦を迎えた一九四五年から数年が経過し、朝鮮戦争の勃発（一九五〇年）、ビキニ環礁での核実験による日本のマグロ漁船・第五福竜丸をはじめ約千以上の漁船が、死の灰を浴びる被ばく事故（一九五四年）など、世界が騒然としている時代でもありました。その後の東西冷戦時代の中で、アメリカは核の脅威に対抗するために大規模な防護剤研究を始めました。

放射線防護剤開発

放射線被ばくの薬剤投与による医療対策は三つのクラスに大別されます。一つ目は生体内に取り込まれた放射性核種の吸収を分離または阻止する放射性核種除去、二つ目は放射線による細胞や生体分子の損傷を予防するためにばく露前に投与する放射線防護、そして三つ目に放射線照射後に投与されて放射線損傷の回復または修復を促進する放射線障害軽減、が挙げられます。この分類は厳密に区別することができないため、ここでは「放射線防護剤」として統一的に記述しています。また、放射線防護剤は機能により放射性核種の体内吸収・沈着防止と排泄促進のための薬剤、フリーラジカル*消去剤、生体防御機構の活性化薬剤、造血細胞増殖因子の四つに大別されます。

（1）　生体内に摂り込まれた放射性核種の吸収を分離または阻止する放射性核種除去剤

この薬剤としては次の三つが挙げられます。

①　プルシアンブルー

プロイセンの軍服の染料として使用されていたプルシアンブルーは、一七〇四年

フリーラジカル
電子対を作っていない不対電子も化学的に不安定であり、非常に反応性に富むため周囲の分子との間で電子の受け渡しを行い、連鎖反応的に酸化還元状態を変化させる分子または原子団をいう。（『南山堂医学大辞典』）。

に初めて青色染料として製造され、以来芸術家や服飾メーカーによって使用されています。プルシアンブルーの染料と塗料は、今日でも市販されています。この経口イオン交換薬物は、セシウムとタリウムの排泄効果を持つことが示されており、放射性セシウムであるセシウム１３７汚染に非常に有効であるとされています。英国健康保護局が公開するガイドラインでは、プルシアンブルーによる治療は放射性セシウム摂取約七日以内に開始されるのが理想であり、三～六ヶ月の治療期間を経て被ばく線量を四十五～六〇％減少させることが可能であると述べられています。また、副作用は報告されていないものの、患者が治療（プルシアンブルーの投与）により感じる不安や混乱、放射性セシウムの自然排泄等を考慮し、内部被ばく線量が三〇ミリシーベルト以下と予想される場合は治療を行う必要がないとされています。

本邦では、放射線事故時のプルシアンブルーの使用が二〇一〇年十月二十七日に厚生労働省において承認されています。ただし全例調査の実施が承認条件とされており、プルシアンブルーによる治療が行われた場合は全例について放射線医学総合研究所に報告することとなっています。

②　ＤＴＰＡ（ペンテト酸化合物）

原子力施設および核燃料の再処理施設等ではプルトニウム、アメリシウム、キュリウムといった重金属の放射性核種が扱われています。これら放射性核種はアルファ線を放出するため、特に体内に取り込まれた場合、放射線が遠くに届かない分周辺の組織細胞にエネルギーを与え生体に重大な影響を与えると考えられています。

ペンテト酸カルシウム三ナトリウム（Ｃａ‐ＤＴＰＡ）およびペンテト酸亜鉛三

ナトリウム（Zn－DTPA）は、体内に取り込まれた重金属の放射性核種を除去する効果を持ち、アメリカやドイツでは原子力緊急時に使用できるよう薬剤として備蓄されています。米国放射線緊急時支援センター・研修施設の資料によりますと、一九九五年までに四、五三一グラムのDTPAが六三〇人の原子力施設作業員に投与されており、軽い副作用（二十四時間以内に嘔気、嘔吐、下痢、震え、発熱）が二・七％に認められていると記載されています。

日本では、一九九九年に発生した東海村JCO臨界事故を契機に、DTPAの放射線防護剤の備蓄について議論が始まり、二〇〇八年に原子力安全研究協会により「DTPA投与方法に係るガイドライン」が作成されました。現在、内部汚染傷病者に対する治療に必要な薬剤として認識されており、高度被ばく医療支援センター（弘前大学、福島医科大学、量子科学技術研究開発機構・量子医学・医療部門／放射線医学総合研究所、広島大学、長崎大学）を中心に備蓄がなされています。

③　安定ヨウ素剤

安定ヨウ素剤は、原子力災害時に大きな問題となる放射性ヨウ素の体内への集積を低減させせます。核分裂生成物の一つである放射性ヨウ素は、呼吸や食物を通して人体に取り込まれた後、甲状腺に集積するため、甲状腺がんの発生確率を高める恐れがあります。

しかし、放射性ヨウ素が体内に取り込まれる前の二十四時間以内または直後に安定ヨウ素剤を服用することで、放射性ヨウ素の甲状腺への集積の九〇％以上を抑制することができます。安定ヨウ素剤は放射性ヨウ素による内部被ばくに対して有益な防護効果を示す一方、放射性ヨウ素のみに効果が限定されることから、原子力災害時には避難や一時移転等の防護措置と組み合わせて活用することが重要であると考えられます。

二〇一九年七月に原子力規制庁が公開したガイドライン、「安定ヨウ素剤の配布・服用に当たって」によりますと、原子力緊急事態が発生した際に住民が迅速な安定ヨウ素剤の服用ができるよう、原子力施設近傍の住民に安定ヨウ素剤を事前配布する計画が盛り込まれています。現在、原子力施設を有する自治体は、医師や薬剤師と協力し、該当する住民に対して安定ヨウ素剤の事前配布を行っており、原子力防災体制の整備に尽力しています。

（２）　フリーラジカル消去剤

大量の放射線を受けてもその障害をできるだけ抑えようという薬剤の開発プログラムは、一九五九年米国国防総省ウォルター・リード陸軍研究所（ワシントンＤＣ）で開始されました。放射線に曝される個体を保護する、毒性のない化合物の探索を目的に四、〇〇〇種類以上の化合物が合成され、放射線防護剤としての有効性が検討されました。その中で、スルフヒドリル（SH^-）基がリン酸（$H_2PO_4^-$）基によって覆われていると、化合物の毒性が大幅に低下することが発見され、最終的に最も有効な化合物としてＷＲ－２７２１（現在はアミフォスチンとして知られています）が見出されました。アミフォスチンは、生体に投与後細胞膜にあるアルカリホスファターゼ（リン酸化合物を分解する働きを持つ酵素）によってリン酸基が外され、代謝物のWR-1065が放射線防護効果を示す一種のプロドラッグ*です。

放射線は細胞内のDNAに直接作用して障害を与えるとともに、組織および細胞中の水分子に作用して反応性が高く不安定なフリーラジカルを発生させ、周辺の細胞内分子（例えば、DNA、細胞膜や細胞内器官）に間接的に作用して障害を誘発します。人の場合、成人男性で体重の六〇％、新生児では約八〇％が体液（水分）でできていますので、放射線の間接作用は水分量に依存するとも考えられます。このフリーラジカルは激しい運動などの放射線以外の様々な生体外酸化ストレスにともなって生体内で発生するため、それに対抗するために生体内抗酸化システム*が人の体には備わっています。生体の抗酸化能力以上に放射線のような酸化ストレスに曝された場合などは、例えばビタミンA、C、Eやポリフェノールなどの抗酸化物質でフリーラジカルを除去することによって放射線防護・障害軽減作用を示すことが知られています。

また、抗がん剤のなかには体内でフリーラジカルを発生させる薬があり、がん化学療法および放射線療法にともなう正常組織や細胞の損傷に対して、アミフォスチンが正常組織を選択的に保護する可能性が期待されています。進行卵巣がんに対し用いられる抗がん剤・シスプラチンを反復投与すると腎臓毒性を示すため、その作用を軽減するためにアミフォスチンが使用されています。また、頭頸部がんの放射線治療後に一部の患者において放射線治療による唾液腺への障害に起因する口腔内の乾燥（ドライマウス）を低減するためにも使用されています。アミフォスチンは、放射線治療にともなう副作用軽減のためにアメリカ食品医薬品局（FDA）によっ

プロドラッグ
そのままでは目的の薬理作用を発揮せず、生体内へ吸収された後、代謝されて初めて薬理活性を発揮するようになっている薬物。

抗酸化システム
生体内で発生する活性酸素やフリーラジカルを消去するための様々な酵素、ビタミン類や抗酸化物質などで構成される生体防御機構。

て承認された唯一の臨床で用いられている放射線防護剤です。

ヒト造血幹細胞を用いた私たちの研究においても、血小板を産生する巨核球の前駆細胞の増殖、分化や成熟機能に対する放射線障害をアミフォスチンが軽減することを明らかにしています。**図４‐１**には放射線照射した造血幹細胞の培養で巨核球前駆細胞由来のコロニー形成（一個の細胞が分裂・増殖して形成される細胞塊）に対する放射線の影響とアミフォスチンの作用を示しています。因みに造血幹細胞は、ヒト胎盤血である臍帯血に多く含まれており、出産直後に採取した臍帯血から分離精製して実験に用いています。

アミフォスチンと同様にフリーラジカル消去作用を示す化合物は抗酸化物質をはじめとして多数存在しますが、その一つに緑茶ポリフェノールがあります。私たちは、緑茶中の主要ポリフェノールであるエピガロカテキン‐３‐ガレート（ＥＧＣｇ）の効果を、放射線照射した造血幹細胞を培養して巨核球前駆細胞由来のコロニー形成の生存割合で検証しました。その結果、細胞レベルでは比較的低い濃度のＥＧＣｇ（一〇〜一〇〇ナノモ

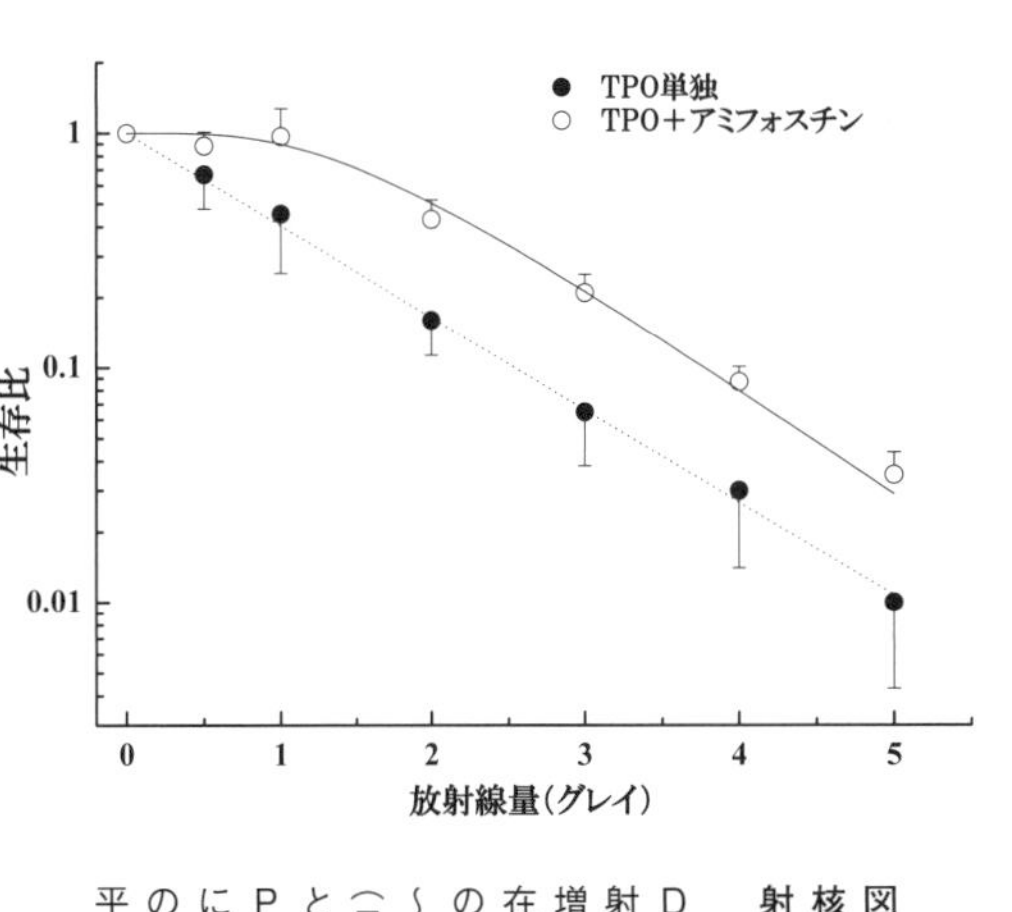

図４‐１　放射線ばく露ヒト造血幹細胞由来巨核球系前駆細胞由来のコロニー形成に対する放射線防護剤アミフォスチンの作用

ヒト臍帯血より分離精製した造血幹細胞（ＣＤ３４陽性細胞）に〇・五〜三グレイのＸ線照射を行い、それぞれの細胞を巨核球系前駆細胞増殖因子であるトロンボポエチン（ＴＰＯ）存在下で二週間培養を行い、増殖能を有する一個の造血幹・前駆細胞から分化・増殖した細胞五〜一、〇〇〇個程度からなる巨核球の細胞集団（コロニー）数と非照射細胞由来のコロニー数との比較で生存比を求めた（縦軸）。破線はＴＰＯ単独刺激の生存曲線を示し、実線は培養時にＴＰＯ刺激にアミフォスチンを添加した場合の生存曲線を示す。各プロットは三回の実験の平均±値標準偏差を示している。

ル）でコロニー形成に対する放射線防護効果をもたらすことを明らかにしています。この濃度を生体内での濃度に換算すると、通常のお茶を一～二杯飲むことで得られる血中濃度と同等であったことから、放射線被ばく前や事後摂取での「カテキン」効果が期待されます。因みに、カテキンは強力な抗酸化剤およびラジカル除去剤に加えて、がん細胞の増殖抑制作用や血糖上昇抑制作用など多様な生理作用を有する事が知られていることからも、身の回りで手軽に摂取できる「放射線防護剤」といえるかもしれません。

（3） 生体防御機構の活性化薬剤

一九七〇年代の研究の中には、高線量放射線ばく露マウスに炭素粒子（ペリカンインク）を二十四時間後に静脈注射すると、造血機能回復と生存率の向上を示したという報告があります。これは炭素粒子による生体内の細網内皮系の活性化に起因していることが明らかにされており、生体防御機構の活性化の一つといえます。これは、異物を貪食することにより生体の防御に関与している様々な組織の細胞（内皮細胞、肝臓のクッパー細胞、骨髄の毛細血管内皮細胞、単球、組織球、肺胞の塵埃細胞等）が、異物摂取により物質貯蔵、血液細胞産生促進や抗体形成などの作用を有しているからです。

米国の研究グループは、大豆イソフラボンを全身照射の二十四時間前に皮下投与すると、ガンマ線照射の致死作用からマウスを保護することを報告しています。これは、体内で幾つかの造血細胞増殖因子の産生を誘導することで骨髄死の抑制に作

自然免疫受容体
自然免疫とは、侵入してきた病原体や異常になった自己の細胞をいち早く感知し、それを排除する仕組みで、主に好中球やマクロファージ、樹状細胞といった免疫担当細胞表面に発現している受容体を介して行われます。

用する、いわば間接的な生体防御機構の活性化をもたらした結果といえます。

また、最近米国で臨床治験が進められている細菌の鞭毛を構成するタンパク質の一種であるフラジェリン誘導体ＣＢＬＢ５０２は、体内の自然免疫受容体に結合して活性化する作用により、細胞内に生じた活性酸素を分解する酵素であるスーパーオキシドジスムターゼ*の生産や、放射線損傷と闘う免疫細胞の動員、または正常組織のアポトーシス（細胞死）を抑制する作用を有していることが報告されています。サルを用いた実験でもその有効性が示されており、さらには動物実験ではがんの発生率および発生頻度が高くなることはなかったことから、放射線防護剤のみならず放射線治療の副作用対策にも有効であることが期待されています。

（４）　造血細胞増殖因子

造血システムは、自己複製能と多分化能を有する少数の造血幹細胞により支えられています（**図４-２**）。これら細胞の増殖と分化は、造血微小環境と様々な造血細胞増殖因子によって制御されており、前駆細胞を経て最終的に限られた寿命を持つ成熟血球を産生します。さらに免疫担当細胞の産生にも密接に関与しているため、生体の恒常性を保つ上においてその果たす役割は計り知れません。

造血細胞増殖因子の大きな特徴は、作用の多様性（一種類の因子が複数

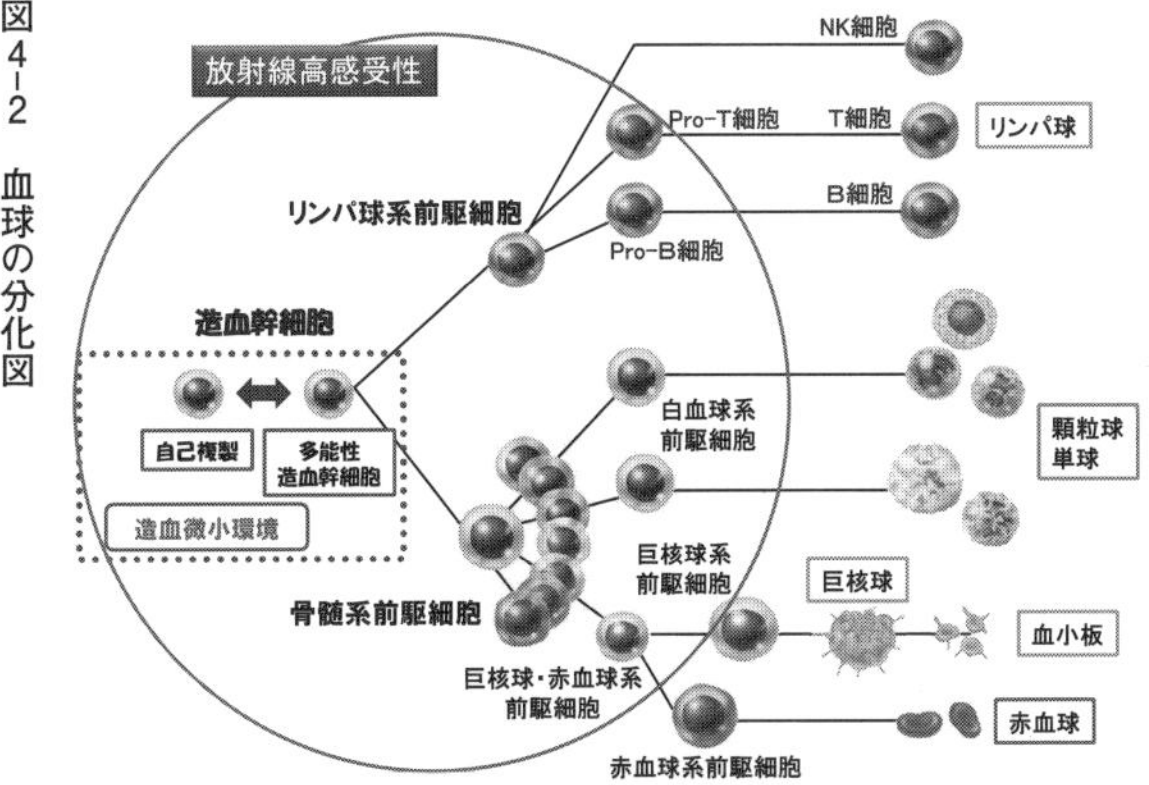

図４-２　血球の分化図
生体内の各種血球は多能性造血幹細胞に由来し、何段階もの分化・増殖を経て血球が産生される。この過程には特殊な細胞微小環境や多くの造血因子が関与する。一般的に分化程度が未熟な細胞ほど放射線感受性が高いといわれている。これを「ベルゴニー・トリボンドーの法則」という。

の生理活性を示す）、重複性（複数の因子が同じ生理活性を示す）や相乗性（複数の因子が相乗効果を示す）という点にあります。

また、造血システムは絶えず造血幹細胞から成熟機能細胞である血球を産生する増殖・再生機能の高い系であるため、放射線や抗がん剤などの細胞外酸化ストレスに対し極めて感受性が高いことが知られています。実験動物を用いた放射線防護作用の過去の研究においても、様々な造血細胞増殖因子が検討されています。幹細胞からの高い細胞増殖能力や成熟機能細胞を生み出す力を有する造血組織や腸管粘膜は放射線に対する感受性が高く、高線量被ばくでは重度の障害が生じやすいため優先して治療を行う必要があります。特に放射線誘発の骨髄抑制*や骨髄死に対する造血機能や免疫機能の回復促進や再構築は最優先課題です。

重篤な放射線被ばく個体の救命治療として、骨髄移植に代表される造血幹細胞移植が行われ、造血・免疫システムの維持・再生を図る治療が、これまでの世界の被ばく事故患者においても適用されています。一九九九年に茨城県東海村で発生した東海村ＪＣＯ臨界事故で高線量被ばくした三名の作業員のうち、重篤な二名の方にもそれぞれ骨髄移植と臍帯血移植と幾つかの造血幹細胞移植と造血細胞増殖因子の投与が行われました。

造血幹細胞移植は、移植を受ける人間の組織適合性、年齢制限、拒絶反応、提供者の確保など多くのクリアすべき問題があります。対照的に薬物療法は、多数の傷病者が発生した場合など迅速な対応を可能としますが、効果的な薬物の存在が適切な医療を行う上で必要不可欠といえます。

骨髄抑制
白血球、赤血球や血小板などの血球は骨の中心にある骨髄で作られるが、その働きが正常に機能しなくなることを骨髄抑制といいます。多くの抗がん剤（化学療法や分子標的薬）治療でも見られます。

国際原子力機関（ＩＡＥＡ）の報告のなかで、二〜六グレイの中程度から重度被ばくによる急性放射線症候群（ＡＲＳ）*に対しては、顆粒球コロニー刺激因子（Ｇ−ＣＳＦ）と顆粒球・マクロファージコロニー刺激因子（ＧＭ−ＣＳＦ）のいずれかの投与、より深刻な被ばくもしくは致死線量（六グレイ以上）のＡＲＳに対してはインターロイキン−３（ＩＬ−３）とＧ−ＣＳＦ、ＧＭ−ＣＳＦ、エリスロポエチン（ＥＰＯ）およびトロンボポエチン（ＴＰＯ）の併用と骨髄移植の実施が推奨されています。これらはすべて造血細胞増殖因子ですが、このうちＩＬ−３、ＧＭ−ＣＳＦおよびＴＰＯは国内未承認薬であり、迅速な対応という観点からは解決すべき課題と考えられます。またこの中でＧ−ＣＳＦのみが国内で医薬品として承認されていますが、単独投与では致死線量を被ばくした個体の生存率の改善には不十分であることが分かっています。

実際に二〇〇六年三月にベルギーの滅菌照射施設で起こった外部被ばく事故では、*フランスのグループは造血細胞増殖因子を投与して被ばくした作業員の治療を行っています。この施設では、三・四テラベクレルのコバルト６０密封線源からのガンマ線による医療機器の滅菌を行っていました。そこに五〇歳の白人男性が誤って入ってしまい、およそ二〇秒間ばく露された数時間後に嘔気・嘔吐、その後の頭痛や脱毛、血球減少などの症状から放射線障害と診断され、二〇日目にパリ市内にあるパーシー病院に移送されました。血液染色体分析や事故状況などから被ばく線量は四・五グレイと推定され、二十八日目にＧ−ＣＳＦ、ＥＰＯおよび幹細胞因子（ＳＣＦ）の組合せ投与を受け、投与五日後（三十三日目）には正常レベルまで回

ＡＲＳ
Acute Radiation Syndrome
骨髄死と腸管死からなる。

Bertho et al. New biological indicators to evaluate and monitor radiation-induced damage: an accident case report. Radiat. Res. 2008; 169: 543-550.

復しています。

　このように、放射線被ばく事故による骨髄抑制に対して、複数の造血細胞増殖因子の投与で造血機能の回復に成功しています。

　私たちの研究グループは、ヒト臍帯血から分離・精製した造血幹細胞を用いて、その分化・増殖に対する放射線の影響について検討し、損傷回復を促進する造血細胞増殖因子の作用に関する多くの実験を行ってきました。その結果、ＩＬ-３、ＳＣＦとＴＰＯの組合せが最適であり、ヒト造血幹細胞の放射線障害緩和においてそれぞれ単独投与に比べて優れた相乗効果を発揮することを見出しています。そこで、それまでの研究で得られた知見を基に、動物実験モデルでの造血細胞増殖因子の放射線防護作用を検討しました。

　これに加えて私たちがこだわったのは、造血細胞増殖作用を示す因子が多数存在することから、緊急時の放射線ばく露に対応するための薬物は安定的な供給と恒常的に備蓄されていることが重要であると考え、実際に臨床で医薬品になっている因子のみを用いた治療プロトコールの確立に焦点を当てたことでした。現在日本国内で承認されている造血促進作用を有する医薬品を中心に最適な放射線防護効果を示す因子の探索を、二〇一〇年から六ヶ所村にある環境科学技術研究所との共同研究で実験を開始しました。

　最初に私たちが検討したのは、貧血治療薬のＥＰＯ、白血球減少症治療薬のＧ-ＣＳＦ、ＴＰＯの類似化合物で血小板減少症治療薬のロミプロスチム（ＲＰ）、高線量放射線による消化管障害の軽減効果が報告されていたステロイド製剤であるデカン酸ナンドロロンの四種類の医薬品について、致死量（三〇日以内）の七グレイ線量のガンマ線照射後に様々な薬物の組合せをマウスに投与しました。その結果、Ｇ‐ＣＳＦ、ＥＰＯおよびＲＰを照射後の五日間連続併用投与すると、照射マウスの三〇日目での完全な生存効果をもたらすことを見出しました。この結果は、高線量の放射線を受けた個体の放射線防護対策として、三つの医薬品の組み合わせが有用である可能性を示しています。

しかしながら、Ｇ‐ＣＳＦ、ＥＰＯおよびＲＰそれぞれの単独効果について実験を行ったところ、ＲＰ単独を三日間連続投与することで照射マウスの完全な生存を誘導することが明らかとなりました（**図４‐３**）。細胞レベルの実験と異なり、実験動物に対して単一の医薬品で致死回避を可能にすることは大きな驚きでした。この知見は二〇一七年に国内特許を取得するに至っています。

さらに、ＲＰと同様の薬理効果を示す二種類の経口薬も国内承認されていることから、これら医薬品の活用も期待されますが、チンパンジーかヒト以外では作用しないことから新たな検証方法の確立が必要です。今後、ヒトへの適用を視野に入れたＲＰを活用した治療プロトコールを確立するためには、大型哺乳動物での検証は必須であり、新たな課題として現在その解決に向け検討を進めています。

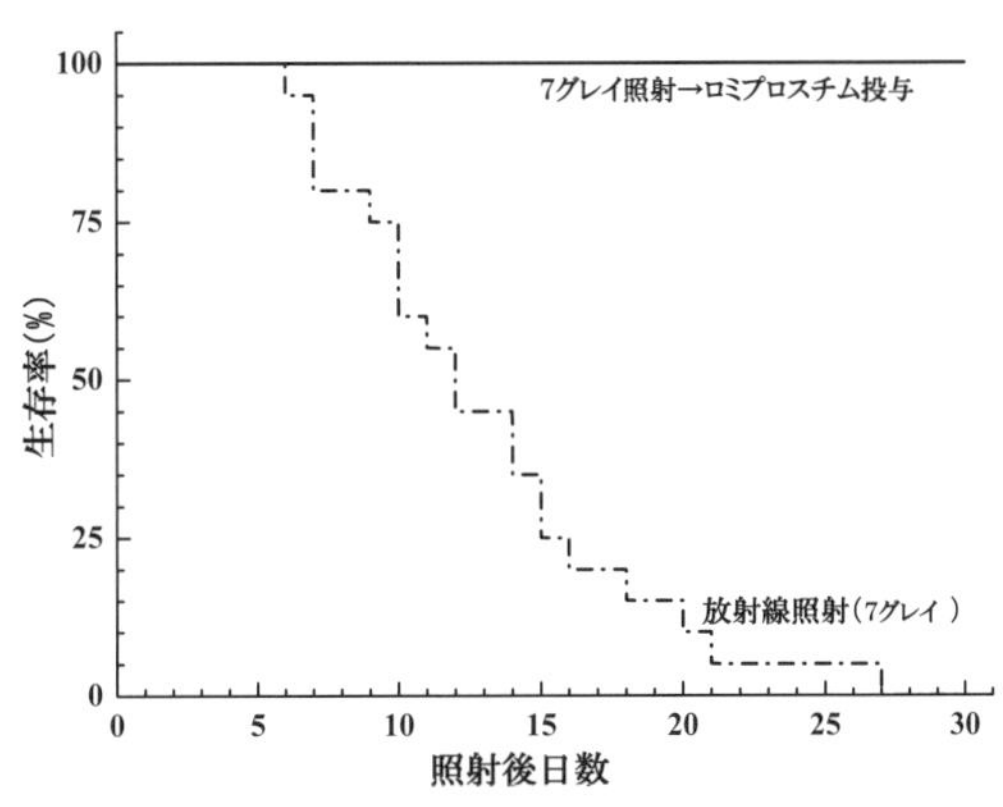

図４‐３　致死線量放射線ばく露個体の生存率に対する血小板造血刺激因子製剤・ロミプロスチムの作用

八週齢の雌近交系C57BL/6JJclマウスに、致死線量放射線（セシウム１３７ガンマ線七グレイ）ばく露後、血小板造血刺激因子製剤で、慢性特発性血小板減少性紫斑病治療薬のロミプロスチムを五〇μg／Kg／日で三日間連続腹腔投与し、三〇日間の生存率を観察した。放射線照射群（破線）は、二十七日までに全例が死亡するのに対して、放射線照射後にロミプロスチムを投与した群（実線）は全例が生存した。

放射線被ばく線量評価の重要性

ここまで、放射線事故や原子力災害時の傷病者の薬物療法に焦点を当てて述べてきましたが、そうした治療を速やかにかつ効果的に実施するには、その傷病者が一体どの位の放射線を浴びたのか、放射性物質を体内にどの程度摂取したのかという、迅速で正確な「線量評価」が極めて重要になります。

線量評価の国際的な標準方法は「染色体異常解析」が最も信頼性の高い方法として利用されています（第二章、三〇～三五ページ参照）が、解析には高い専門性と数日の時間を要するため「迅速性」には難があります。私たちの研究グループでは、放射線照射マウスの血液中に検出されるメッセンジャーRNAやマイクロRNAの発現と放射線量との関連性を検討してきました。その結果、照射二十四時間後では幾つかのメッセンジャーRNAが線量依存的に増加することが明らかとなり、現在照射後の経過時間、線量との関連性など様々な要因について検討を進めているところです。その候補分子の一つについてその発現と線量との関連性を**図4-4**に示しました。

こうした新規被ばく線量評価のバイオマーカー探索は、最終的に「染色体異常解析」で線量を確定するにしても、事故現場等で迅速に、おおよその被ばく量を推定可能にする簡易キット等の開発につながる可能性を有しています。

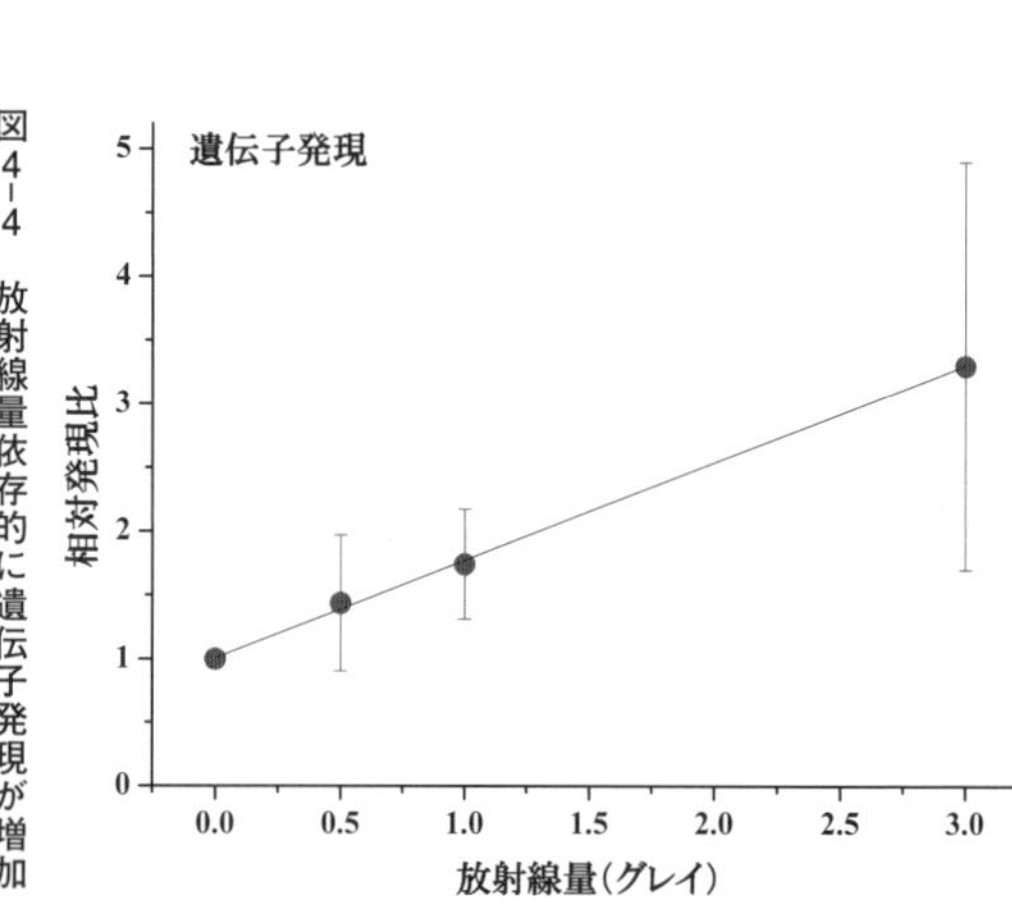

図4-4　放射線量依存的に遺伝子発現が増加する一例

〇・五、一および三グレイ照射二十四時間後のマウス血液よりリボ核酸（RNA）を抽出し、デオキシリボ核酸（DNA）チップで線量依存的に発現が増加した遺伝子を抽出し、それらの発現をさらに遺伝子増幅法であるポリメラーゼ連鎖反応で定量し、放射線量と統計学的に有意な相関性が認められた遺伝子の一例。縦軸は、放射線照射で変動しなかった遺伝子との発現比を示し、横軸は放射線量を示す。各プロットは三回の実験の平均値±標準偏差を示している。

放射線防護剤の実際の人への適用に向けては、薬物の有効性はもとより、最適な投与量、投与方法や時間、有効な被ばく放射線量の範囲や副作用など多くの問題を検証しなければなりません。さらには、急性放射線障害が薬物によって回避されたとしても、生存者の発がんや白血病発症などの長期有害リスクについても考慮しなければなりません。

今後の課題ー効果的で安全な医療対策を目指して

東日本大震災が発生した二〇一一年三月十一日の時点では、五十四基の原子炉が国内で稼働して国内電力の約三〇％を賄っていました。しかし、福島第一原発事故により、原子力発電所における安全対策の新規制基準が施行され、地震や津波に備える厳しい安全基準をクリアしなければならなくなりました。そのため全ての原子炉は停止し、現時点で新基準に合格して再稼働した原子力発電所は五発電所、九基の原子炉に留まっており、廃炉に向け検討中もしくは決定済みが二十二基にも及んでいます（二〇一八年十月一日現在）。一方で、世界の営業運転中の原子炉は四四三基で、運転中の合計出力は三年連続で過去最高を更新中です（二〇一八年一月一日現在）。さらに、建設中の原子炉は六十三基（米国、インド、中国、韓国）、建設計画も八〇基を超えるとされており、少なくともグローバルな観点からは原子力発電所に起因する放射線事故や放射線被ばくのリスクは決して減少しているとはいえません。もちろん安全対策技術の向上によって、より一層安全は担保されているとはいえ、万が一への備えは必要不可欠であると考えます。

現代社会は電力の安定供給なくしては成り立たないことを私たちは少なからず経

験しており、普段気が付かない安全対策や万が一の事故対策に加えて、効果的かつ安全な医療対策の確立は社会の危機管理上重要な課題といえます。

（柏倉幾郎、山口　平、辻口貴清）

こぼれ話

「お酒と放射線防護効果の意外な関係」

放射線防護剤の専門的な話は難しい部分もありますが、私たちの身近にも同じような作用を示す「防護剤」があります。放射線医学総合研究所と東京理科大学の研究チームは、ビール成分に放射線防護効果があることを、ヒトの血液細胞やマウスを用いた実験で明らかにしました。これは、ビールに溶けこんでいる麦芽の甘味成分などに、放射線により生じる染色体異常を最大で三四％も減少させる効果があることを初めてつきとめています。この効果はノンアルコールビールでは効果が認められず、またエタノール（アルコール）単独よりもビールのほうが、放射線防護効果が高いと報告されています。一連の防護効果確認実験では、被ばく前にビールを飲むと防護効果は高まるという結論を得ていますが、被ばく後に防護効果があるのかは、未解明のままだそうです。（放医研ＮＥＷＳ、№.

107　05／10月号）。この作用はビール中のグリシンベタインという低分子化合物によるものであり、効果が示された濃度を換算すると、一般的な中ジョッキおよそ一～二杯分に相当します。

そもそもエタノール自体が水酸基ラジカル（ＯＨ・）の除去作用を持っています。さらに日本酒では、酒に含まれるアミノ酸とその誘導体が放射線により生じたフリーラジカルを減弱させる作用を有しています。広島市に原爆が投下された日、爆心地から一キロメートル以内にある広島大学醸造学科の教授ら八名は、前日の夜から日本酒を飲み始め、当日の朝まで大量飲酒しており、この状況下で全員が被ばくしたが、全員が放射能による障害を受けずに原爆症にならなかったそうです。その後、広島市の現地において、お酒を飲む習慣のなかった人は被ばく後、死に至る確率が極めて高いことの調査結果が得られているようです。同様の報告はチェルノブイリ原子力発電所事故後にも報告されています（Isotope News, №７２４二〇一四年8月号）。

でもお酒ですから、くれぐれも飲み過ぎに気をつけるべきことは言うまでもありませんが。

参考文献

Singh VK, Romaine PL and Seed TM. Medical countermeasures for radiation exposure and related injuries: characterization of medicines, FDA-approval status and inclusion into the strategic national stockpile, Health Phys. 2015; 108(6): 607–630.

Kashiwakura I. Overview of radiation-protective agent research and prospects for the future. Jpn. J. Health Phys. 2017; 52(4): 285–295.

Singh VK, Seed TM, Olabisi AO. Drug discovery strategies for acute radiation syndrome. Expert Opin. Drug Discov. 2019; 14(7): 701–715.

第5章

弘前大学における被ばく医療人材育成

はじまり

二〇〇七年六月七日、*弘前大学大学院保健学研究科の大教室において学長説明会が開催され、遠藤正彦学長（当時）は保健学研究科全職員を前に「被ばく医療に関わる人材育成の取り組み」について初めて提案されました。折しも弘前大学では、有事の際の緊急被ばく医療に対応できる設備を有する「高度救命救急センター」の設置構想が、学長をはじめ弘前大学の職員の努力により進められていました。この構想の一環として、学長は被ばく医療における看護師をはじめとする医療職者への教育の必要性を説かれました。そして、この課題に向けた保健学研究科の潜在能力を開発する被ばく医療人材育成プロジェクトの立ち上げが示唆されたのでした。これを受け、同年六月二十八日、對馬均保健学研究科長（当時）の指揮のもとで保健学研究科にワーキンググループが組織され、被ばく患者の看護や被ばく線量評価などの特殊検査に関わる医療職者の人材育成に向けた取り組みが開始されました。

時を同じくして六月二十九日、文部科学省への平成二〇（二〇〇八）年度特別教育研究経費の追加要求に関する説明会が開催され、被ばく医療人材に関する事業として、平成二〇（二〇〇八）年度概算要求の追加要求（連携融合事業）が佐藤敬医学部長（二〇一二年二月より弘前大学長）のとりまとめにより提出されました。この要求が認められ、平成二〇（二〇〇八）年度から医学部、医学研究科、保健学研究科、附属病院の連携による「緊急被ばく医療支援人材育成及び体制の整備」事業がスタートしたのです。

弘前大学大学院保健学研究科
国立大学法人弘前大学における八つの大学院（二〇一九年現在）の一つであり、博士前期課程（修士の学位を取得できる）と博士後期課程（博士の学位を取得できる）を有している。保健学研究科に所属している教員は、学部組織である弘前大学医学部保健学科の教員を兼担している。本文中ではこれらを単に「保健学研究科」および「保健学科」と記載している。

REAC／TS
Radiation Emergency Assistance Center/Training Site の略称。アメリカのエネルギー省が管理運営しているオークリッジ科学教育研究所の中の一部門である。アメリカのテネシー州にあり、教育や訓練のための研修会を開催している。

IRSN
Institut de radioprotection et de sûreté nucléaire の略称。フランスの原子力安全・放射線防護総局の支援組織であり、原子力利用に関する研究や種々の支援の他に、放射線防護の教育訓練も行っている。

みんな素人だった

前述の概算要求の受入れに至るまでの弘前大学の歩んだ険しい道のりの紹介は他の良書に譲るとして[1]、この先は主に私の所属する保健学研究科の取り組みについて述べたいと思います。

さて、人材育成を始めるといっても、保健学研究科の全教員が被ばく医療についてはまったくの素人でした。したがって、まずは教員たち自身が被ばく医療に関する知識や技術について修得する必要がありました。そこで、千葉市にある放射線医学総合研究所（以下、放医研という）や青森県六ヶ所村にある日本原燃株式会社（以下、日本原燃という）にお願いして多くの教員が研修を受け、被ばく医療の基礎を学習しました。放医研と日本原燃では、いずれも弘前大学の教員に向けた特別研修プログラムを準備してご指導くださいました。

さらに、アメリカはテネシー州にあるオークリッジ科学教育研究所の放射線緊急時支援センター／研修施設（ＲＥＡＣ／ＴＳ）[*]やフランスの放射線防護・原子力安全研究所（ＩＲＳＮ）[*]等に多くの教員が出向いて研修を積み重ねました。

また、後述する「現職者教育」のための「放射性物質に汚染された患者の受け入れシミュレーション・トレーニング」では、弘前までお出でいただいた放医研の立崎英夫先生のご指導のもと、教員たちは指導者役と受講者役を交互に行い何度も何度も練習を重ねました（**図5-1、5-2**）。

図5-1　REAC／TSでの記念撮影

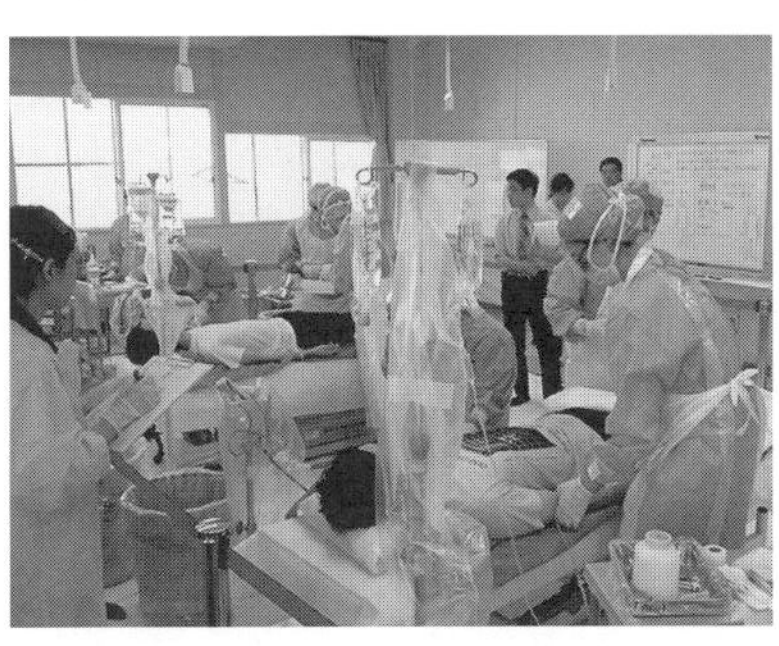

図5-2　教員たちのシミュレーショントレーニングの練習風景

被ばく医療教育への取り組み

教員たちは自らが研修を積み重ねると同時に、学生たちへの教育プログラムの作成にとりかかりました。種々検討の結果、「学部教育」、「大学院教育」、および「現職者教育」の三本柱でこれを進めていくことになり、平成二十二（二〇一〇）年度にはそれぞれの教育のスタートにどうにか漕ぎつけることができました。二〇一九年九月現在、この三本柱のいずれもが、よりよいプログラムになるよう改良を加えられながら継続されています。

当初「学部教育」においては、医学部保健学科では看護師をはじめとする七つの国家試験のための指定規則に縛られ、時間割にほとんど空きがない状況でしたので、専門科目に被ばく医療関連科目を導入することは困難でした。そこで、弘前大学における教養教育の当時の呼称である「21世紀教育」科目の中に「放射線防護の基礎」を組み入れ、放射線の基礎知識や生体影響、さらには原子力発電所の仕組みに至るまでの内容を、保健学科の教員たちがオムニバスで講義しました。また専門科目では「医療リスクマネジメント」のなかで、保健学における各専門職（看護師、診療放射線技師、臨床検査技師、理学療法士、および作業療法士）の立場から放射線リスクへの対応を組み入れることで対応しました。

「大学院教育」では前年度に設置された博士前期課程「被ばく医療コース」に三名の入学者を得ることができました（社会人入学の看護師二名、学部新卒の臨床検査技師一名）。このコースでは被ばく医療に特化した三つの共通科目と十二の専門科目が設置され、学生は自身の専門に合わせて、現在もこれら専門科目を選択し履修しています。また、研究テーマは放射線をキーワードとした内容が中心になっています。学生たちは学内における講義や実習、研究活動のみならず、青森県原子力防災訓練を視察したり、日本原燃や東通原子力発電所の視察研修、放医研や原子力安全技術センターの研修会などにも参加し研鑽を積んでいます。なお「被ばく医療コース」は平成二十七（二〇一五）年度より博士後期課程にも設置され、より高度な知識と技術を有する放射線科学分野の研究者育成を目指しています。

「現職者教育」は「緊急被ばく医療支援人材育成プログラム現職者研修」という名前でスタートしました。この研修は現職の看護職者と診療放射線技師を対象として、緊急被ばく医療に必要な基礎的な知識や技術を有する医療職者の養成を目的とするものです。講義と演習からなる二日間（e－ラーニングを含む。開始当初は三日間）の研修で、今では毎年三〇名前後の受講者が全国から参加しています。

このように文部科学省の「緊急被ばく医療人材育成の体制整備」にもとづく取り組みは、平成二〇（二〇〇八）年度から平成二十四（二〇一二）年度までの五年間継続され、さらに後継として「緊急被ばく医療の教育・研究体制の高度化及び実践プログラムの開発―高度実践被ばく医療人材育成グローカル拠点の形成―」が採択され、平成二十五（二〇一三）年度から平成二十七（二〇一五）年度の三年間継続実施されました。この過程で保健学研究科では、被ばく医療人材育成推進委員会のもとに「被ばく医療教育研修部門」、「放射線看護教育部門」、「放射線リスクコミュニケーション教育部門」、「グローバル人材育成推進部門」の四部門が設置されました（二〇一九年九月現在）。それぞれの部門は、被ばく医療に対応できる医療職者および放射線リスクコミュニケーションの指導を担う人材の底辺拡大と、より高度で実践的な被ばく医療人材育成プログラムの開発、放射線看護分野において国際標準に準拠した高度実践看護師等を視野に入れた、被ばく医療人材育成の拠点形成を恒常的な目標に掲げてさまざまな活動を行っています。

これらの保健学研究科独自のプロジェクト以外にも、弘前大学の他部局との共同で弘前大学博士後期課程在籍者及び医療、教育・研究及び行政各機関等に従事する現職者等を対象とする「被ばく医療プロフェッショナル育成計画」（平成二十二（二〇一〇）～平成二十六（二〇一四）年度）や、原子力規制庁の原子力規制人材育成事業として、主に大学院の学生を対象とする「原子力災害における放射線被ばく事故対応に向けた総合的人材育成プログラム」（平成二十八（二〇一六）～令和元（二〇一九）年度現在も継続中）などの事業により、被ばく医療に対応できる人材育成事業が活発に推進されています。さらには青森県の委託事業として、原子力災害対策重点地域内の行政担当者・警察等を対象に、原子力災害時において各地域や各職域で被ばく医療対応の中心的活動のできる人材を育成することにも協力しています。

国際学会がつなぐ縁

チェルノブイリや福島の災害で経験したように、ひとたび大規模な原子力災害が起きると、原子力発電所立地区域や国内にとどまらず、地球全体に多大な影響が及ぶと言えるでしょう。したがって、原子力災害や放射線事故に対処するためにはグローバルな連携体制の構築が必須です。

二〇一一年八月末、ポーランドのワルシャワで開催された第十四回国際放射線研究会議（ＩＣＲＲ２０１１）に参加した私たちは、スウェーデンのストックホルム大学放射線防護研究センター長であるアンジェイ・ヴォイチク博士と知り合うことができました。翌年、フィンランドのヘルシンキで開催された国際学会に参加したあとで、ストックホルム大学のヴォイチク博士の研究室を訪問しました。これを契機に二〇一三年三月六日、保健学研究科を訪れたヴォイチク博士と對馬保健学研究科長が調印し、ストックホルム大学放射線防護研究センターと保健学研究科との間に部局間学術協力協定が締結されたのです（**図5-3**）。

そして、同年九月、最初の研究者として同センターのシアマーク・ハグドゥスト博士が弘前大学を訪れ、講演会やセミナーを開催しました。その後、ヴォイチク博士やハグドゥスト博士に加え、若手研究者や大学院生が保健学研究科を度々訪れる一方、弘前大学からはストックホルム大学で開催される放射線科学の二週間に渡るトレーニング・コースに大学院生や若手教員を毎年送り込んでいます。[2] このトレーニング・コースは、大学院生またはＥＵの学術研究機関に勤める三十五歳以下の研究者が対象となっているため、参加者のほとんどはＥＵ圏の大学院生ですが、前述の協定締結により本学からの参加も認められることになったのです。一方、共同研究も積極的に進められ、両部局による多くの国際共著論文が報告されるようになってきました。

国際学会での出会いがその後の継続的なグローバル交流に繋がっている保健学研

図5-3　對馬均保健学研究科長とアンジェイ・ヴォイチクストックホルム大学放射線防護研究センター長による学術協力協定の調印

究科の例をもう一つ紹介しましょう。二〇一三年五月、ミュンヘンで行われた国際シンポジウムに参加した際、講演された放医研の明石真言先生（当時）が客席の私たちのところまで来られ、「KIRAMS*（韓国原子力医学院）の人たちがお話ししたいそうですよ」とお声掛けくださいました。ちょうどKIRAMSのチョウ博士の口頭発表があったばかりでした。その日の夕食時、会場に設けられたバーベキューのテーブルで、チョウ博士からKIRAMSと弘前大学との核テロ対応合同訓練の提案がありました。「ぜひ弘前大学と合同訓練ができればと思っています。十一月に済州島で訓練を予定していますが、一緒にやりませんか？」とのありがたいお誘いをいただいたのです。

帰国してすぐに對馬研究科長に相談したところ、「進めよう！」との判断をいただき、その年の十月にチョウ博士らを保健学研究科にお呼びして、計画されている核テロ対応訓練についてお話しいただきました。その後、保健学研究科の教員八名からなる緊急被ばく医療チームを編成し、十一月にKIRAMSを訪れることができました。韓国ソウル市にあるKIRAMSは日本でいえば放医研のような機能を有する機関であり、その中の国立緊急被ばく医療センター（NREMC）は韓国内の原子力や放射線に関する有事に備える中心的な役割を担っています。訪問時には、リ・ソンスクセンター長（当時）をはじめとするスタッフの皆さんが私たちのチームを歓待してくださいました。

＊KIRAMS
Korea Institute of Radiological & Medical Sciences の略称。韓国の原子力災害医療への対応において中心的役割を果たしている機関であり、世界保健機関（WHO）が主導する緊急被ばく医療ネットワーク（REMPAN）にもメンバーとして参画している。

図5-4　KIRAMSとの合同訓練の会場となった済州島のワールドカップ・サッカースタジアム

韓国でうけた衝撃

二〇一三年に初めて行ったＫＩＲＡＭＳとの訓練は、そのシナリオもスケールも、それまで国内で経験した訓練とは一線を画したものでした。済州島のワールドカップ・サッカースタジアム（図５−４）が訓練の舞台でした。シナリオの大筋は、日韓のサッカー親善試合の開催中に観客席でダーティボム*による核テロが起きたため、日韓の医療派遣チームが観戦中の日韓の傷病者の対応をするというものでした。

訓練は突然の「ドーン！」という爆発音で始まりました。まもなく武器を携行した軍の兵士が、テロリストを捕獲すべくスタジアム内に入りました。その後、警察、消防などとともに医療班が入り、トリアージ*や治療のためのテントがスタジアムの広い駐車場にてきぱきと準備され、爆発の被害を受けた傷病者の受入れ体制が作られました（図５−５）。そしていよいよ多くの負傷者が、ある人は担架に乗せられ、またある人は足を引きずりながらスタジアムから出てきました。

トリアージ班のテントから情報が対策本部（図５−６）に韓国語で伝えられ、ＫＩＲＡＭＳスタッフがこれを英語で私たちに伝え、私たちはその情報を治療テントの弘前大学スタッフに日本語で伝えます。逆に弘前大学スタッフからの連絡はＫＩＲＡＭＳスタッフに英語で伝え、これを韓国語でトリアージ班に伝えま

ダーティボム
放射性物質を混入した爆弾で、爆発と同時にこれをまき散らすため、ダーティボムによる負傷者は放射性物質により汚染された傷を負うことになる。

トリアージ
緊急性の観点から治療する患者の優先順位を決めること。

図５−５　医療班のテント設営

図５−６　対策本部の様子

す。これらの連絡はトランシーバーを介して行われました。患者の名前はアルファベットの頭文字で表現したので何とかなりましたが、搬送する病院名が覚えられずKIRAMSスタッフに尋ねながらの対応となってしまいました。治療テントに救急車が横付けされ、次々に患者を搬送しますが、負傷者の重篤度によって搬送先の病院も変わるので素早い判断が必要でした（図5-7）。そのうちに予期していなかった二回目の「ドーン！」という爆発音がして、皆が慌てながら対応に走りました。

この訓練は多くの教訓を与えてくれましたが、何よりも感じたことは、国外での活動においてはコミュニケーションを如何にスムーズにとれるかが最も大事だということです。国外で、あるいは国内で外国のチームと共同で事故や災害に対応できるのがグローバル人材といえると思うのですが、そのためには情報の共有ができなければ適切な対応ができません。前述したように、日本国内だけでなく、特に東アジアにおける有事の際には近隣諸国の国際連携が重要になるであろうことは、放射線災害が地球規模の災害になりうることを考えれば容易に想像がつきます。備えあれば憂いなし。スムーズな国際連携のためには、対応すべき最低限の骨格をあらかじめ定めておくことが重要であると思います。KIRAMSとの連携はこの被ばく医療訓練にとどまらず、二〇一七年度からは新たに放射線防護や治療に関するジョイント・ワークショップの開催へと幅が広がっています。

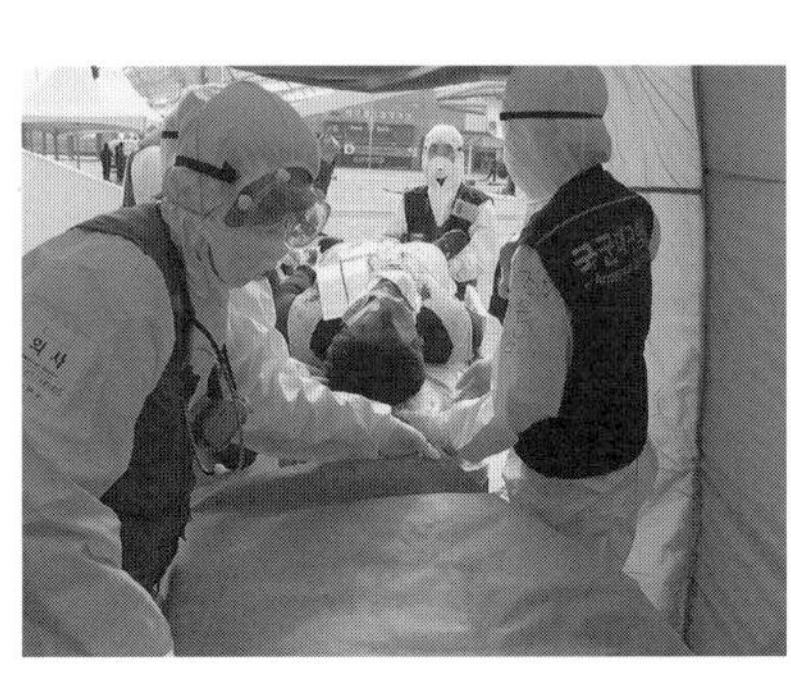

図5-7　医療班による負傷者の受け入れの様子

保健学研究科独自の国際シンポジウムの開催

保健学研究科として緊急被ばく医療に係る国際シンポジウムも独自に開催されています。

平成二十三（二〇一一）年度に第一回の緊急被ばく医療シンポジウム「放射線基礎研究から緊急被ばく医療まで」が、フランスをはじめ国内外からシンポジストを迎えて開催されました。このシンポジウムは、国内外における被ばく医療の取り組みの紹介や教員の研究紹介等をメインとして平成二十五（二〇一三）年度まで三回行われましたが、平成二十六（二〇一四）年度からは「若手研究者のための放射線と健康に関する教育シンポジウム（ＥＳＲＡＨ）*」として内容を一新して現在に至っています。[3]

ＥＳＲＡＨは大学院生が主体となり、教員が大学院生をサポートする形で運営し、教育講演やパネルディスカッション、ポスターセッション等を通じて、国内外の学生ならびに若手研究者が放射線に関するさまざまな分野で活発なディスカッションをするものです。また、保健学研究科の柏倉幾郎教授と研究室交流をしていた北海道大学の伊達広行教授にもお願いし、ＥＳＲＡＨは弘前大学と北海道大学でほぼ交互に開催場所を変えて開催されています（二〇一九年現在）。学生たちは準備段階から海外の研究者たちと発表要旨集作成のための英文要旨の依頼やプログラム作成、さらには航空券や宿泊ホテルの調整、また実際の運営に当たっては招へい研究者による教育講演の座長（司会進行をする人）に至るまで主導的に行うことにより、企画力やコミュニケーション能力の涵養にも資しています。

ＥＳＲＡＨ　Educational Symposium on RADIATION AND HEALTH by Young Scientists の略称。

これまでアメリカ、フランス、イギリス、ドイツ、スウェーデン、ハンガリー、アイルランド、カナダ、ルーマニア、セルヴィア、マケドニア、アンゴラ、ケニア、中国、インド、タイ、韓国、台湾などの国や地域から多くの研究者や学生が参加し、ポスターにより研究成果を発表し、英語による質疑応答を通じて国際感覚を磨いています（図5-8）。

さらなるグローバル展開へ

前述したストックホルム大学およびKIRAMSとの交流や、ESRAHの取り組みは現在も続いています。そのほかにも、平成二十七（二〇一五）年度から平成二十八（二〇一六）年度にかけて、アイルランドの環境保護庁放射線防護局や、タイのチュラロンコン大学、コンケン大学、チェンマイ大学ならびにカセサート大学等を訪問し、ヨーロッパやアジアに向けて放射線科学分野における連携の広がりを図っています。また、看護学領域では被ばく医療プロジェクトをきっかけに、アメリカのハワイ大学やカリフォルニア大学サンフランシスコ校などとの交流も始まっています。さらに平成二十九（二〇一七）年度には日本学術振興会二国間交流事業に採択され、アフリカのカメルーンにおいて「自然放射線被ばくと健康影響に関する共同セミナー」を開催し、技術支援や共同研究へと広がりつつあります。

これらの活動の多くは、二〇一〇年に設置された弘前大学被ばく医療総合研究所の協力なくしてはあり得なかったといえるでしょう。原子力規制委員会から二〇一五年にわが国の原子力災害に対応するナショナルセンターの一つに指定され

図5-8　ESRAHでのディスカッションの様子

た弘前大学において、同研究所はまさにその中核をなす施設であり、放射線被ばく医療の専門家集団としてグローバルな視野を有する専門的人材の育成と世界トップレベルの研究開発に取り組んでいます。したがって、当然のことながら同研究所のアクティブな活動は国外施設との交流にも表れており、これまでに韓国、ハンガリー、中国、タイ、ベトナム、フィリピンなどの大学や研究所などと協定や覚書を締結し、まさに世界をまたにかけた活動を展開しています。

保健学研究科はこれに引っ張られるように同研究所との協力体制を構築することにより、留学生の受け入れを含めたグローバル戦略を展開して今日に至っているといえるでしょう。今後はこれらの取り組みを吟味しつつ力を入れる方向性を模索しながら、大学として力を合わせて未来に向けて進んでいかなければなりません。

（中村敏也）

こぼれ話

災害時の患者対応トレーニングにおける学習効果の高め方

災害時における患者対応のトレーニングは、より臨場感をもって行われることで、参加者の学習効果が倍増します。そのため、災害で外傷を受けた患者役の方（模擬患者）にはそれなりのメーキャップを施すこともあります。このようなシミュレーション訓練のための小道具として、外傷メーキャップキットが市販されており、切創・挫創や開放骨折などのプラスチック製の外傷モデルや模擬血液などを入手することができます。これらの外傷モデルを模擬患者の腕やすねなどに両面テープで貼り付け、その上からメーキャップを施します。

放射性物質に汚染された模擬傷については、放射線を検知するGM計数管*に反応するとより臨場感が増すことから、弘前大学の被ばく医療研修では化学実験などで用いる塩化カリウムを水でやや薄めたデンプン糊にできるだけ多く溶解し、これに粉末の模擬血液を加えることで血糊のような形状にしたものをプラスチック製の外傷モデルの上に塗布するやり方をしています。市販されている塩化カリウムには天然の放射性同位元素であるカリウム40が約〇・〇一％の割合で含まれているため、これから出る放射線がＧＭ計数管で検出されるのです。

　放射性物質により汚染された傷から放射性物質をできるだけ取り除く措置（除染措置という）の訓練では、生理食塩水などで創部を洗浄することでカリウム４０を含む血糊が除去されるのに応じてＧＭ計数管により検出される放射線量が低下しますから、除染措置の訓練を臨場感を持って行うことができます。

　なお、カリウム４０の放射線はもともときわめて弱いものであるうえ、用いられる量も微量であるため、その放射線による健康影響についてはまったく心配ありません。

＊　ガイガー・ミューラーカウンターあるいはガイガーカウンターともいい、不活性ガスと呼ばれる気体の放射線による電離現象を利用した放射線検出器の一つである。

参考文献

1　弘前大学学長秘書室編『十年間の歩み—弘前大学第十二代学長遠藤正彦原稿集—』弘前大学出版会、二〇一三年、二七一-二八八頁
2　吉野浩教「ＣＥＬＯＤ ２０１７ Ｃｏｕｒｓｅ印象記」『放射線生物研究』五二巻、三号、二〇一七年、三〇七-三一五頁
http://rbrc.kenkyuukai.jp/images/sys%5Cinformation%5C20171111144904-288E59F9DE1F4D326A2028905F5C535061B3C161BA6ECC18DE758836EF4F748.pdf
3　細田正洋・吉野浩教・山口 平・辻口貴清・千葉 満・中村敏也「第１回若手研究者のための放射線と健康に関する教育シンポジウム（ＥＳＲＡＨ２０１４）の開催報告」『保健物理』五〇巻、一号、二〇一五年、二〇-二四頁
https://www.jstage.jst.go.jp/article/jhps/50/1/50_20/_pdf/-char/ja

第6章

東京電力福島第一原子力発電所事故と弘前大学の対応

東京電力福島第一原子力発電所事故後、この事故被害とどのように関わったか

ここからは、二〇〇八年より被ばく医療のための人材育成と体制整備を行ってきた弘前大学が、福島第一原子力発電所（以下、福島第一原発という）事故後、この事故被害とどのように関わったかを紹介します。

被ばく医療人材育成と体制整備のプロジェクトが開始して三年が経過しようとしていた二〇一一年三月十一日に東北地方太平洋沖地震が起こりました。そして福島第一原発では地震動をセンサーが感知して、制御棒がスクラム（制御棒をモーターから切り離し、炉心に挿入することで、可能な限りすばやく原子炉を停止させること）し原子炉が作動停止しました。しかし福島第一原発では、外部交流電源の給電停止に加えて、デイーゼル自家発電機が津波による冠水で作動停止した結果、電力供給がすべて失われ（全電源喪失）、原子炉内部への送水が不可能となり冷却することができなくなりました。そして福島第一原発の一号機、二号機、三号機では核燃料の溶融（メルトダウン）が発生したため、三月十四日文部科学省高等教育局医学教育課大学病院支援室から弘前大学に放射線測定者派遣要請があり、被ばく状況調査チーム一次隊（三名）が組織されて三月十五日に福島県へ出発しました。その後、弘前大学保健学研究科職員を中心に組織された二次隊（十名）も三月十六日より福島県に向け出発しました。

当時は原子力発電所事故の実態とそれがどのような経過をたどるか、全く見通しが立たない状況で、アメリカ政府は自国民に対して原発から八〇キロメートル圏外

に避難するようにと指示していましたし、二次隊のマニュアルには、「現地では常に空間線量を計測し、一時間当たり一〇〇マイクロシーベルト以上になった場合には、避難するように」と記載されているような状況でした。その後三泊四日で別隊が出発し、引継ぎを行い、継続してその任務に当たりました。

　調査チームは、原発周囲二〇～三〇キロメートル圏内に設置された退避所で、退避住民の汚染検査を行いました（図6-1）。特に、初期（三月十九日まで）においては、原発周囲二〇～三〇キロメートル圏内に設置された退避所で、退避住民の汚染検査を行い、放射能が基準値（一三、〇〇〇シーピーエム）（cpm: count per minute）以下であれば「汚染なし」という証明書を発行しました。三月二十一日からは常設拠点（三〇キロメートル圏外）の住民の汚染検査を中心に行いました。また、この期間に空間線量を遂次測定するとともに、大気浮遊塵の採取、土壌試料の採取、飲料水、河川水、雨水の採取を行い環境の放射線レベルを測定しました。この時、隊員は皆、個人線量計をつけており、一次隊には一〇〇マイクロシーベルト程度被ばくした隊員もいましたが、三次隊以降は二〇マイクロシーベルトに低下していました[1]。

　私（細川）は六次隊のチームリーダーとして三月二十八日に福島へ派遣されました。そのとき偶然にも、緊急時迅速放射線影響予測（ＳＰＥＥＤＩ）で避難先である三〇キロメートル圏外でも放射性同位元素の飛散が確認され、十五歳未満の小児たちを対象とした甲状腺検査が三月二十九日および三〇日に行われることになりました。チェルノブイリ原子力発電所事故ではヨウ素１３１が飛散し、その後、明ら

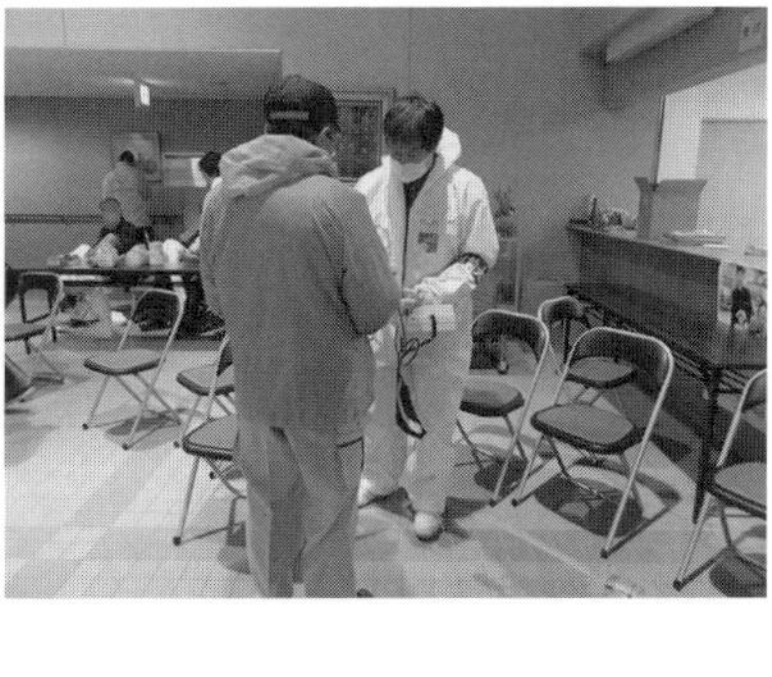

図6-1　退避所における退避住民の汚染検査の様子

かに小児甲状腺がんが増加しています。福島第一原子力発電所周辺でもヨウ素131が多く検出されていたことから、特に感受性の高い小児への健康影響をより正確に把握するため、原子力安全委員会緊急技術助言組織からの要請により、甲状腺の被ばく線量を測定することになりました。ヨウ素131の沸点は摂氏一八〇度程度で、気化しやすく、これが事故によって拡散します。またヨウ素は甲状腺ホルモンの材料で、甲状腺に集積するため、ヨウ素131の放出した放射線によりチェルノブイリ原子力発電所事故で甲状腺がんが増加したと考えられています。

弘前大学は放射線医学総合研究所、広島大学と合同で、三月二十九日は川俣町の公民館で、また三月三〇日は飯館村の役場で十五歳未満の小児たちの甲状腺の被ばく線量の測定に当たりました（**図6-2**）。この甲状腺検査は簡便法で、一般的なヨウ化ナトリウム・シンチレーションサーベイメータを甲状腺部分に当てて線量（シーベルト）を測定し、その測定値から周囲の自然放射線量（バックグラウンド）を引くという測定法です。[3]

後日、インターネット上に公開された「小児甲状腺被ばく調査結果説明会の結果について」から、その時の測定結果を示します（**図6-3**）。過去のデータから、発がんが統計的に明らかに増加するのは一〇〇ミリシーベルト以上の被ばくということが知られており、甲状腺がんの発生もほぼ同程度の被ばくで増加すると考えられています。福島で採用された測定方法では、甲状腺部分で〇・二マイクロシーベルトを検出したとき、甲状腺等価線量（ヨウ素131でこれから被ばくするであろう甲状腺被ばくの合計線量）が一〇〇ミリシーベルトになると計算されていました。

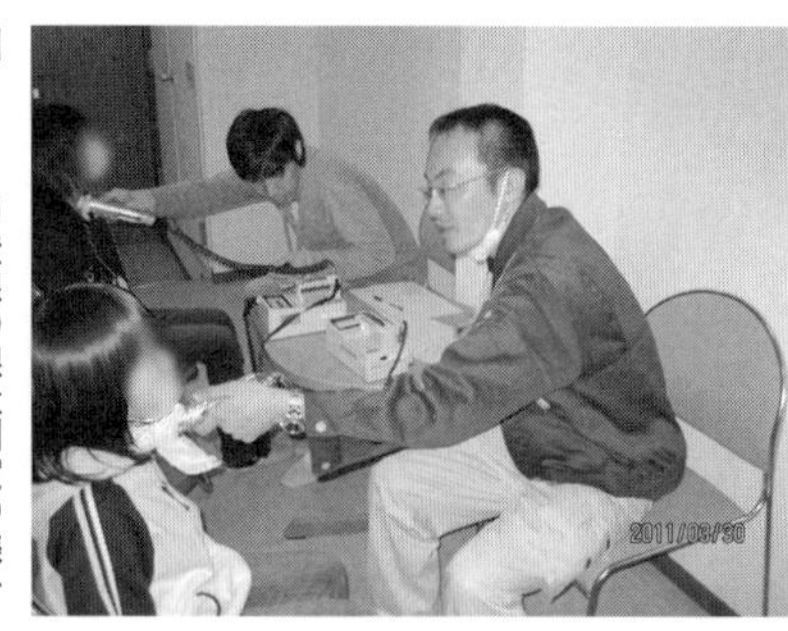

図6-2　甲状腺の線量測定の様子
（参考文献2より転載）

このときの福島の小児たちの甲状腺の測定結果は、測定できる限界値付近の低い値が多く、〇・一マイクロシーベルトを超えた測定結果は見られませんでした。

その後、本方法の研究が進み、現在では、この時の最高値〇・一マイクロシーベルトで、甲状腺等価線量は四三ミリシーベルトと推定されています。[4]チェルノブイリ原子力発電所事故時のベラルーシの避難民の甲状腺被ばく線量が、最高で一〇・二グレイ（約一〇、二〇〇ミリシーベルト程度に相当）で平均でも三六五ミリグレイ（約三六五ミリシーベルト程度に相当）と報告されていることを考えると、それに比べてとても小さな値であることが分かります。[5]二〇一三年に発表された国連科学委員会（ＵＮＳＣＥＡＲ）による「二〇一一年東日本大震災と津波に伴う原発事故による放射線のレベルと影響評価報告書」[6]では、「福島県の住民の甲状腺被ばく線量は、チェルノブイリ事故後の住民の被ばく線量と比べかなり低く、チェルノブイリ事故後のように実際に甲状腺がんが大幅に増加する事態が起きる可能性は低い」と報告しています。しかし一方、福島第一原発事故後の福島県内の児童の超音波検査結果から、甲状腺がんが増加している可能性を指摘している報告もあり、今後もさらなる研究が必要です。[7]

二〇一一年九月二十九日に、弘前大学は福島県浪江町と復興に向けた協定を締結し、福島県浪江町復興支援プロジェクトを二〇一一年十月より開始しました。そこに含まれる支援プロジェクトは多岐に渡りますので、登録されている一部を**表6-1**（次ページ）に挙げます。

それを大きな括りでまとめると、（1）浪江町の再生・復興のための放射性物質

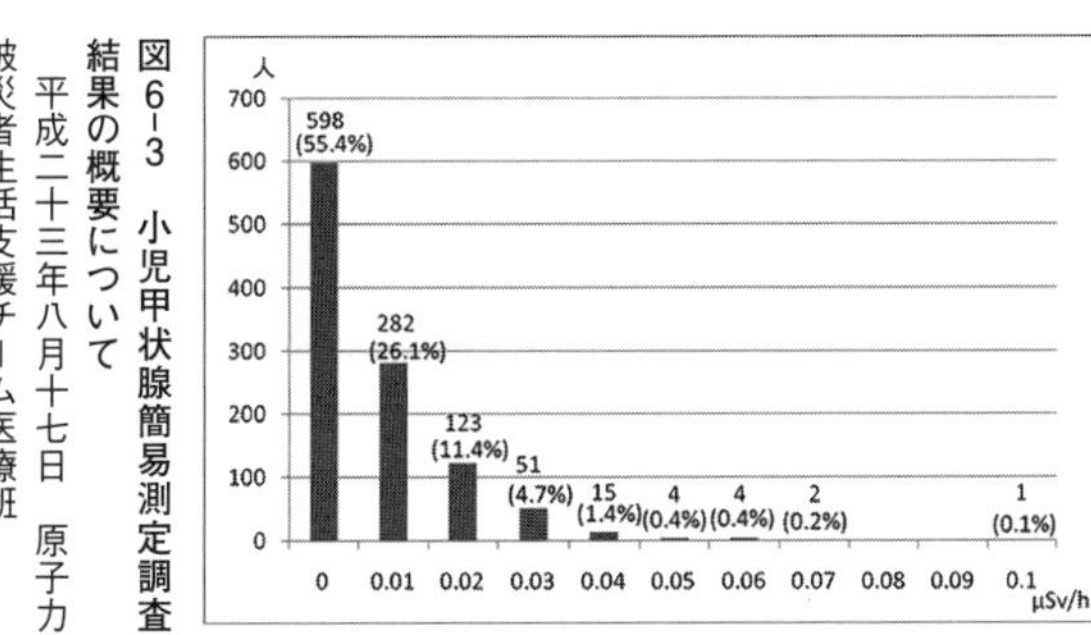

図6-3　小児甲状腺簡易測定調査結果の概要について
平成二十三年八月十七日　原子力被災者生活支援チーム医療班

の除染および農地再生、（2）町民の安全・安心のための住民の被ばく線量の把握、環境モニタリングの支援、染色体による住民被ばく線量の推定、健康相談、（3）科学的知見の集積のための放射性核種の移行評価、野生動物の染色体異常の解析等を行ってきました。例えば、農地の再生というテーマでは、除染植物「ネピアグラス」を利用して、土壌に吸着した放射性のセシウムを除去する研究が農学生命科学部を中心として行われてきました[8]。また、福島沖の放射性物質ならびに魚のセシウム137レベルを測定し、食物連鎖移動モデルを適用し汚染状態の動態を研究しています[9]。

また、浪江町住民の生活に直接関係する活動も行いました。初めに環境省「リスクコミュニケーションに係る拠点の設置等事業」（二〇一四年五月から）について紹介します。この事業を受託し保健学研究科の「放射線リスクコミュニケーション教育部門」（代表、木立るり子）が中心となって活動を展開してきました。弘前大学浪江町復興支援室を拠点とし、大学から健康相談員一～二名を常駐させ、最初のころは仮設住宅を訪問して個別に健康相談を行うことで、長期化した避難で疲弊した町民の心身に寄り添

表6-1　弘前大学福島県浪江町復興支援プロジェクト

生物影響調査	1．放射性物質汚染地域の環境モニタリング 2．野生生物及びペットを対象とした調査・研究
放射線モニタリング	1．請戸川流域の放射性核種の分布と河川生物への影響調査 2．自動車走行サーベイによる放射線レベルの定期調査 3．実用的な放射線測定器の開発
染色体異常評価	
農地の塩害度調査	
農地の除染試験	
リスクコミュニケーション拠点の構築	1．住民の健康相談（放射線の健康影響に関する相談を含む） 2．県民健康管理調査基本調査の回収支援 3．住民の被ばく線量把握の支援 4．福島県外復興支援員への支援 5．「健康相談とおしゃべり会」の定期的な開催
放射線の健康影響に係る研究調査	1．中長期的に渡る放射線ヘルスプロモーション開発 2．放射線リスクコミュニケーションのコア・アプローチ
町民の健康管理	1．浪江町民のストレス評価 2．不活動予防の指導 3．浪江町職員への健康相談とリスクコミュニケーション

い、信頼関係を築きつつ、放射線の相談に対応してきました。個別対応のみならず、二〇一五年十二月から、県内各地の仮設住宅や復興公営住宅集会場において、放射線に関するリスクコミュニケーション「おしゃべり会」を実施し、町民の素朴で現実的な、生活に関連した質問に、放射線専門の教員をはじめ、看護学、総合リハビリテーション科学領域の教員が、町民の気持ちに配慮した丁寧な説明を行ってきました。これまで三十三回（二〇一八年八月末時点）、参加者数は延べ二〇〇名を超えています（**図6-4**）。

二〇一七年三月三十一日に浪江町の一部が避難指示解除になったことにともない、放射線専門の教員を隔週で派遣して、「〇〇の線量が気になる」といった声に、実際に線量を測定して目で見て確認してもらいながら説明を繰り返してきました。必要時には行政に対応を依頼したこともあります。

さらに、帰還した町民同士を「つなぐ」ための「あっぷるサロン」を毎月町内で開催しました。サロンでは毎回多彩な企画に工夫を凝らし、これまで十二回（二〇一八年八月末時点）実施し、町民からも好評を得ました。また、二〇一四年一月から、浪江町職員を対象として、健康を保ちつつ、復興に向けた取り組みを継続できること、放射線に関する基礎知識をもとに住民の疑問に対応すること、およびこれらを自らの仕事と生活にも活かしてもらうことを目指して、健康相談とリスクコミュニケーション事業を実施しています。看護学および総合リハビリテーション領域の教員が相談員として職員の健康維持・増進をサポートするこの事業は、五年間で三十二回（二〇一八年九月末現在）開催されました（**図6-5**）。

図6-4　おしゃべり会の様子

次に、環境省の「放射線の健康影響に係る研究調査事業」において「原子力災害事故後の中長期に渡る放射線ヘルスプロモーションの確立に向けて」という題目で、平成二十六（二〇一四）年度より保健学研究科の看護教員を中心にして行われた住民の支援活動にも取り組みました。これは、福島県浪江町の避難住民を対象として、放射線健康影響の不安を軽減し、生活の満足感を高めＱＯＬ（生活の質 quality of life）を向上させ、帰還に向けた新生活再建支援の実践モデルを構築することを目的にしたものでした。具体的には浪江町の住民を対象に平成二十六（二〇一四）年度から平成二十八（二〇一六）年度までの三年間に渡り、浪江町住民の帰還に向けて、

(1) 子ども・親への放射線健康管理─教職員や子育て世代の母親が抱える課題を明らかにする

(2) 帰還に向けた高齢者の放射線健康管理─高齢者の健康や放射線に対する不安の原因を明らかにするとともに、それら高齢者の身体的運動機能の実態を明らかにし、機能低下防止のための介入プログラムの効果を検証する

(3) 浪江町住民の被ばく影響に対する漠然とした不安を解消するため、住民の内部被ばくを分析する

などの活動を行いました。[10]

以下、これらの三つの項目について、具体的な結果を記載します。

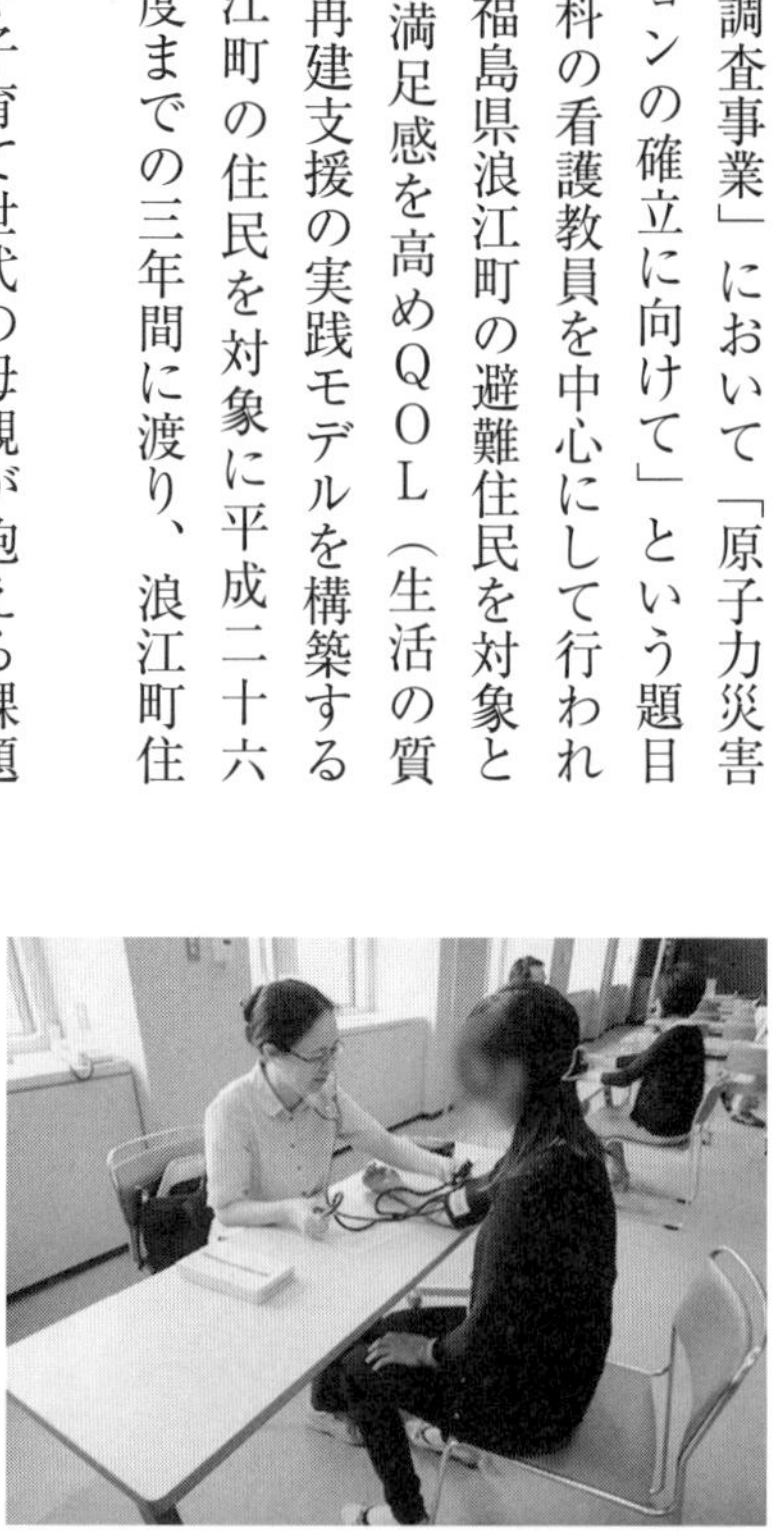

図6-5　浪江町職員の健康相談の様子

子ども・親への放射線健康管理
―教職員や子育て世代の母親が抱える課題

福島第一原発事故直後、浪江町はほかの地域に比較し放射線量が高く、全町民が避難するという状況でした。このような急な環境の変化に遭遇した、浪江町の中学校教諭への放射線教育の現状や課題に関するインタビュー調査の結果、教諭の放射線に関する知識の不足、生徒が受けたホールボディーカウンター（体内のガンマ線を測定する装置）の結果の説明の難しさ、放射線に関する専門的知識に関する自信のなさという傾向が見られました。加えて、個々の保護者の反応に配慮して、安全・危険の判断をともなう教育を行うことへの躊躇があることが明らかになりました。

低線量の放射線影響については専門家の間でも議論が続いており、低線量放射線に被ばくすると実際にどの程度のリスクがともなうかを私たちは未だ正確には知りません。教諭が、不必要なリスクを避けることを目的とした公共政策の遂行上の慎重な判断であるＬＮＴモデル*を採用していることを生徒や保護者に伝えることに抵抗感を持っているのは無理のないことと思います。

このため、私たちは少人数の対話形式で教諭に対する学習会を開催しました。一般的に実施されている集団型学習会では疑問点を確認することは難しく、一方で対話形式の学習会では疑問点を直接確認することが可能であり、学習会のアンケートで実際その成果が認められました。

ＬＮＴモデル
Linear Non-Threshold Model の略称。放射線の被ばく線量と影響の間には、しきい値がなく直線的な関係が成り立つという考え方。

帰還に向けた高齢者の放射線健康管理

二〇一四年当時、東日本大震災の被災者・避難者の多くが心身両面に健康問題を抱えているといわれていました。避難生活が長期化する中で、仮設住宅入居者には、震災にともなうストレス反応、食生活の乱れが原因となる生活習慣病、生活不活発病などの問題が挙げられていました。

高齢者の生活不活発病に着目すると、震災前までは、多くの方は自宅の裏庭や農地で自家用の野菜などを育て、農作業などで活動していました。しかし、震災後は農作業ができなくなった上に、見知らぬ土地や新たなコミュニティで生活する中で、外出回数が減少し、外出の減少により身体を動かす機会が減少することに加え抑うつ状態となり、心身の機能が低下する傾向が見られました。

避難指示が解除され、自宅に戻る時の体力の維持に備え、身体活動向上への方法を探ることを目的に、原子力発電所事故により避難生活を継続し仮設住宅に居住している高齢者を対象に、ロコモティブシンドローム（運動器の障害のために移動機能の低下をきたした状態）の実態を調査し、身体活動量維持のための介入を試みました。[12] 福島県内の仮設住宅に居住している高齢者に対し、ロコモティブシンドローム予防のためのロコモ体操、手芸・工芸を実施する軽作業、健康ミニ講話を行う「サロン」を開催しました（二〇一五年八月〜二〇一六年三月）（図6-6、6-7）。継続して参加した高齢者は、次第にお互いに顔なじみになり、自分自身のロコモティブシンドロームの程度を知るようになりました。私たちは、一連の活動をとおして、散歩の習慣など日常生活で身体を動かすことが、ロコモティブシンドロームの

図6-6　ロコモ予防体操実施の様子

予防に役立つということを皆さんに伝えることができました。

また、避難指示が解除された場合に、住民が自宅へ帰る際に抱く放射線への不安について調査しました[13]。この不安のなかでは、放射線量が高いことを述べる住民が多く、そのため自宅に帰る条件として除染されることを挙げる方が多く、また高齢者では自宅に帰る場合にインフラ整備についての不安を述べている方が多くおられました。放射線について不安を抱く一方で、個人線量計を携帯している住民は対象者の約七割でしたが、日常的に使用することは少なく、一時帰宅や避難先以外に外出する際に使用していることが分かりました。帰還に際しての放射線に関する不安があると回答した住民が不安はないと回答した住民より少ないことから、震災からの時間の経過とともに、避難先の放射線量には過敏に反応することが少なくなっていることが推測されますが、避難元の自宅に帰る際には、引き続き、放射線量を意識しながら生活する可能性も考えられました。

浪江町住民の不安解消のため、住民の内部被ばくを分析

浪江町住民の放射線学習教育の資料作りとして、平成二十四（二〇一二）年度から平成二十七（二〇一五）年度までの四年間に渡るホールボディーカウンターによる内部被ばく線量および食品の放射能を分析しました。この資料を活用し、浪江町住民の内部被ばく状況を説明することで、子育て世代においては不安軽減ができ、高齢者の健康・放射線不安やストレスが軽減されるとともに活動性が高まるであろうと考えたからです。

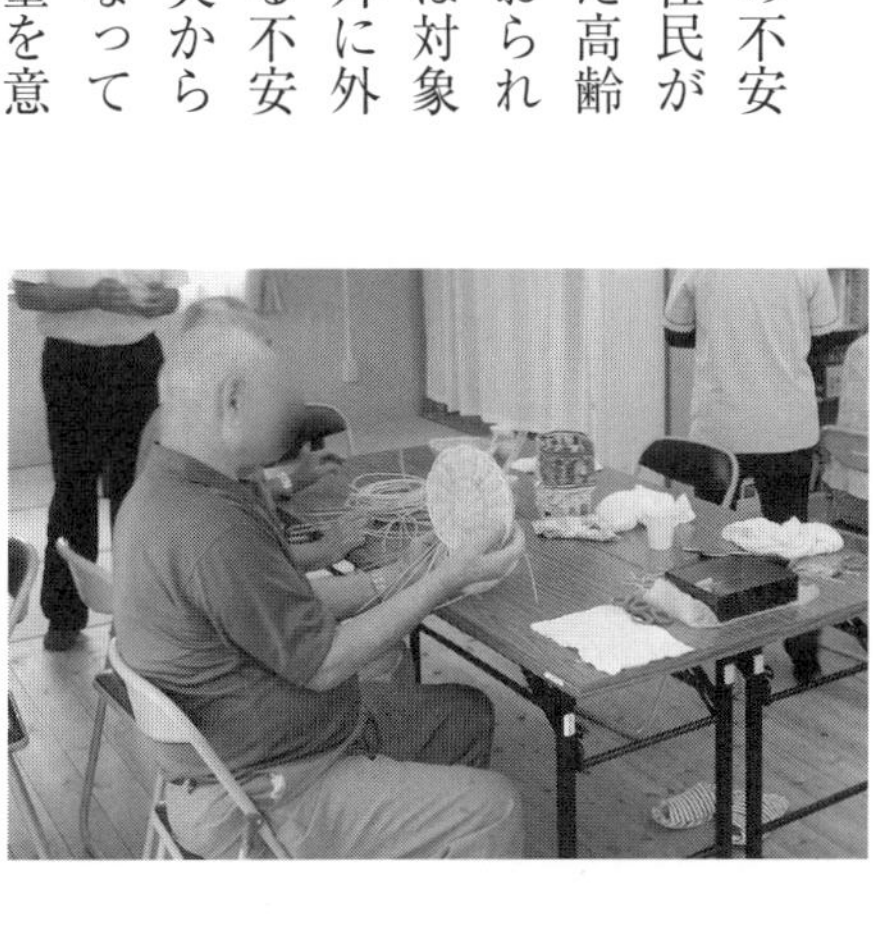

図6-7　籐細工の様子

その結果、ホールボディーカウンターで計測された、浪江町住民の平均の放射能はセシウム134が五ベクレル、セシウム137が二〇ベクレル程度で、また放射能を検出した方でも預託実効線量（放射能測定から、生涯にどれだけの被ばくをすることになるかを推定した線量）は平均二四・六五マイクロシーベルトと極めて低い値でした。これらの値はチェルノブイリ原子力発電所事故から一〇年以上経過したウクライナやロシアの住民の値と比較しても、とても小さな値です。その放射能検出者の放射能値の経時的変化を観察すると、本来自然に減衰するべきである体内の放射能が、減衰しない傾向がみられました。また、放射能検出者は五〇歳以上の男性が多く、アンケートにおいて食料品の汚染を気にしない傾向がみられました。

一般的流通経路に出荷しない自家製あるいは野山に自然に自生する植物を、住民の方々が食用の楽しみとして採取し、放射能汚染確認のため浪江町に測定依頼をしたそれら食品の放射能について、統計的分析を行いました。その結果、食料品の放射性セシウムの基準値を超える食品も多く存在し、特にキノコ類で放射能が高い傾向が見られました。この地域の住民の方々は、山菜を食する習慣があり、以前より高齢者の楽しみの一つとなっていました。推測の域を出ませんが、住民、特に高齢者が、食料品の検査を行い、その検査結果を参考にして取捨選択をし、節度を持って山菜を食べ、生活を楽しもうとされていると私たちは認識しています。このため、今後も放射線への知識の普及に努めるとともに、住民の方々に、食料品の放射能測定を推奨していくべきであろうと考えます。[14]

（木立るり子、細川洋一郎）

こぼれ話

大地震後のインフラの損失に関する注意

二〇一一年三月十一日に東日本大地震が起こりました。この甚大な被害は後に大きく報道されましたが、地震直後は弘前市も停電になり、電話は使用できず、しかも交通機関は麻痺しており、ガソリンスタンドも閉鎖されていました。また、この年の三月の東北地方の天候は比較的寒く、雪もまだ降っていました。したがって、福島への派遣に際して不確定な要素が多く、宿泊施設も確保できるか不明であったため、車中泊を前提にガソリン、水、食料を車に積み福島県へ出発しました。そして東北自動車道を南下して福島県へ向かいましたが、東北自動車道のところどころに亀裂があり、また、高速道路周辺の電柱が倒れ、新幹線の電線がはずれていたのを目撃しており、注意して走行しました。

このようにして福島県庁に到着した一次隊は、そこに緊急被ばく医療調整本部を設置し活動を始めました。幸い、福島市近郊に宿泊場所を見つけ、その後、引き継ぎで隊員を送ることができました。今後、東日本大震災級の地震により、原子力発電所事故が発生した場合は、このように震災によるインフラの損失を前提に、放射線事故対応に当たらなければなりません。このことは原子力発電所事故を考える上で、決して忘れてはいけない教訓としてここに書き留めておきます。

参考文献

1　Monzen S, Hosoda M, Tokonami S, Osanai M, Yoshino H, Hosokawa Y, Yoshida MA, Yamada M, Asari Y, Satoh K, Kashiwakura I. Individual radiation exposure dose due to support activities at safe shelters in Fukushima Prefecture. PLoS One. 2011; 6(11): e27761. doi: 10.1371/journal.pone.0027761. Epub 2011 Nov 16. PMID: 22114685

2　Hosokawa Y, Hosoda M, Nakata A, Kon M, Urushizaka M, Yoshida M. A. : Thyroid screening survey on children after the Fukushima Daiichi nuclear power plant accident. Radiat. Emer. Med. 2013; 2(1): 82–86.

3　Tanaka G, Kawamura H. Measurement of ^{131}I in the human thyroid gland using a NaI（Tl）scintillation survey meter. J. Radiat. Res. 1978; 19(1): 78–84.

4　Kim E, Kurihara O, Suzuki T, Matsumoto M, Fukutsu K, Yamada Y, Sugiura N, Akashi M. Screening Survey on Thyroid Exposure for Children after the Fukushima Daiichi Nuclear Power Station Accident. The 1st NIRS Symposium on Reconstruction of Early Internal Dose in the TEPCO Fukushioma Daiichi Nuclear Power Station Accident 2012 Prpceedings.

5　Cardis E, Kesminiene A, Ivanov V, Malakhova I, Shibata Y, Khrouch V, Drozdovitch V, Maceika E, Zvonova I, Vlassov O, Bouville A, Goulko G, Hoshi M, Abrosimov A, Anoshko J, Astakhova L, Chekin S, Demidchik E, Galanti R, Ito M, Korobova E, Lushnikov E, Maksioutov M, Masyakin V, Nerovnia A, Parshin V, Parshkov E, Piliptsevich N, Pinchera A, Polyakov S, Shabeka N, Suonio E, Tenet V, Tsyb A, Yamashita S, Williams D. Risk of thyroid cancer after exposure to 131I in childhood. J. Natl. Cancer Inst. 2005 May 18; 97(10): 724–32. PMID: 15900042

6　原子放射線の影響に関する国連科学委員会著・独立行政法人放射線医学総合研究所監訳・発行『電離放射線の線源と影響　ＵＮＳＣＥＡＲ ２０１３年報告書』第1巻、国連総会報告書 科学的附属書Ａ「２０１１年東日本大震災後の原子力事故による放射線被ばくのレベルと影響」二〇一三年、六〇頁

7　Tsuda T, Tokinobu A, Yamamoto E, Suzuki E. Thyroid Cancer Detection by Ultrasound Among Residents

Ages 18 Years and Younger in Fukushima, Japan: 2011 to 2014. Epidemiology. 2016; 27(3): 316–322.

8 Dong-Jin Kang, Hirofumi Tazoe, Yasuyuki Ishii, Katsunori Isobe, Masao Higo, Masatoshi Yamada. Effect of Fertilizer with Low Levels of Potassium on Radiocesium-137 Decontamination. J. Crop Sci. Biotech. 2018 June 21; (2): 113–119 DOI No. 10.1007/s12892-018-0054-0

9 Hirofumi Tazoe, Hajime Obata, Takeyasu Yamagata, Zin'ichi Karube, Hisao Nagai, Masatoshi Yamada. Determination of strontium-90 from direct separation of yttrium-90 by solid phase extraction using DGA Resin for sea water monitoring. Talanta. 2016; 152: 219–227.

10 環境省「平成２８年度原子力災害影響調査等事業（放射線の健康影響に係る研究調査事業）報告書」 https://www.env.go.jp/chemi/rhm/reports/h2903e_4.pdf

11 社団法人日本アイソトープ協会翻訳・発行『ICRP Publication 103 国際放射線防護委員会の二〇〇七年勧告』二〇〇九年、一七頁

12 井瀧千恵子・福士泰世・加藤拓彦・小山内隆生・大津美香・笹竹ひかる・北島麻衣子・冨澤登志子・細川洋一郎・西沢義子「福島第一原子力発電所事故により避難生活を送る高齢者の運動機能低下の実態と身体活動向上への予防的介入の試み」『保健科学研究』第七巻、二〇一七年、二一一-二二七頁

13 北島麻衣子・大津美香・冨澤登志子・田上恭子・笹竹ひかる・井瀧千恵子・加藤拓彦・小山内隆生・米内山千賀子・漆坂真弓・山中亮・岩岡和輝・西沢義子　「福島第一原子力発電所事故後、避難生活を送る高齢住民の帰還に向けた課題に関する一考察」『保健物理』五二巻二号、二〇一七年、六一-六七頁

14 Hosokawa Y, Nomura K, Tsushima E, Kudo K, Noto Y, Nishizawa Y. Whole-Body Counter（WBC）and food radiocesium contamination surveys in Namie, Fukushima Prefecture. PLOS ONE. 2017; 12(3): e0174549.

おわりに

本書では、弘前大学でのこれまでの約十年に渡る被ばく医療・放射線科学への取り組みの一端を紹介させていただきました。弘前大学出版会が「知の散歩シリーズ」を企画し、「再生可能エネルギーで地域を変える」が刊行されて高い評価を受けております。次に私共の取り組みに企画の打診があり、本学の機能強化事業となっている被ばく医療・放射線科学事業の主要担当者を中心に幾度となくその内容について議論、意見交換を重ねましたが、最終的に担当者それぞれの専門分野毎での分担執筆という形で落ち着きました。

しかしながら図らずも、執筆者の専門の立場から東京電力福島第一原子力発電所事故後の活動に話の中心が置かれることとなりました。自らの教育・研究において放射線を専門とする研究者ですら、この未曾有の事故から受けた体験は余りにも強烈であった証しともいえます。そのため当初想定していた本書のタイトルを『福島に学ぶ―放射線総合科学の展開を目指して―』に大きく変更しました。殆どの執筆担当者が事故直後から様々な形で現地や弘前大学での支援活動に従事し、事態に直接対峙しその活動は現在まで継続しているだけになおさらと思います。この貴重な体験を、弘前大学自らが記録して残すという観点からは本書の刊行は一つの社会貢献ともいえますが、一方で弘前大学における被ばく医療・放射線科学の多様な分野に関わる教育・研究活動を完全に網羅したとはいえず、読者の皆様への十分な情報発信となったとは言い難い点は否めません。

これまでの約十年の活動から、被ばく医療・放射線科学に関わる活動は今や弘前大学の特徴ある取り組みの一つとなるまでに成長しましたが、本書刊行はこれまでの活動を未来へと引き継ぐことの大切さを改めて認識させられた良い機会ともなりました。事故から八年が経過した今でも故郷や自宅に戻れない多くの方々がおられ、その復興の道のりはまだまだ道半ばといえます。一方で弘前大学における被ばく医療・放射線科学に関わる教育・研究及び社会貢献活動を通して、海外機関との連携や留学生等の増加など、この分野での国際交流が着実に進んでおります。十年前には想像も出来なかったことです。本書を通じて、未来を担う多くの若い方に弘前大学の取り組みを知っていただき、我々の活動を引き継ぐ新たな人材が生まれることを期待したいものです。

最後に、本書の企画をお与え下さいました弘前大学出版会・足達薫前編集長をはじめ担当者の皆様に深く感謝申し上げますとともに、最終的に刊行まで長い時間を要することとなってしまいましたことを深くお詫び申し上げます。また、本書の刊行に際して長時間に渡り様々なお手伝いを頂戴しました弘前大学出版会の学術英文誌であるRadiation Environment and Medicineの編集担当及び編集委員会の皆様、特に幾度となく詳細に校閲くださいました、被ばく医療総合研究所・赤田尚史教授に深謝いたします。

また、学術的及び社会的な視点で本書全体を細部に渡り監修くださいました、東京大学名誉教授であり弘前大学名誉博士の嶋昭紘先生に深甚なる敬意と感謝を表します。嶋昭紘先生は、刊行作業終盤の令和元年九月に急逝されました。心より先生のご冥福をお祈り申し上げますとともに、刊行が間に合わなかったことが大変悔やまれます。

嶋昭紘先生、本当にありがとうございました。

（柏倉幾郎）

被ばく医療支援体制プロジェクト取り組み経緯

年度	月日	実施内容
H19年度（2007年度）	6/7	年度初めの「学長説明会」において、保健学研究科で「緊急被ばく医療支援」に取り組む必要性について話があった。その後、学長から「被ばく医療に関する教育研究の推進」について「保健学研究科として検討開始」の指示（六月十一日）
	6/28	第一回WG会議を開催。学長が来訪し、WG会議で趣旨説明が行われる。（※本年度中に第一〇回まで開催）
	12/22	平成二〇年度概算要求（特別教育研究経費等「連携融合事業：緊急被ばく医療支援人材育成及び体制の整備」の予算内示）
H20年度（2008年度）	4/25	平成二〇年度　第一回緊急被ばく医療検討委員会を開催（※WGから委員会へ格上げ。以降、現在まで継続開催）
	10/2	放射線医学総合研究所と大学間で緊急被ばく医療に関する協力協定を締結
	3/23	平成二〇年度　成果報告会・専門家委員会を開催（※中間報告会を含め、平成二十七年度まで継続開催）
H21年度（2009年度）	8/1	「第一回　緊急被ばく医療国際シンポジウム」を開催
	3/23	被ばく医療教育研究施設を設置
H22年度（2010年度）	4/23	被ばく医療教育研究施設運営委員会（第一回）を開催
	5/13	高度救命救急センターの開設記念式典・祝賀会を開催

H22年度（2010年度）	7/13	平成二十二年度科学技術総合推進費補助事業に採択、「平成二十二年度文部科学省技術推進振興調整費地域再生人材創出拠点の形成・被ばく医療プロフェッショナル育成計画」が開始される
	8/28	「平成二十二年度　現職者研修」を開催（※以降、現在まで継続実施）
	10/1	被ばく医療総合研究所を設置（「被ばく医療教育研究施設」より改称）
	10/25	被ばく医療プロフェッショナル育成計画　第一期生開講式、第一回被ばく医療プロフェッショナルセミナー（開講記念講演会）
	3/11	東日本大震災が発生
	3/15	福島県に弘前大学被ばく状況調査チームを派遣（二〇一一年三月十五日第一次隊～二〇一一年七月二十五日の第二〇次隊まで継続的に派遣）
H23年度（2011年度）	5/20	被ばく医療プロフェッショナル育成計画　第二期生開講式、特別講演会
	5/25～28	弘前大学一時立ち入りプロジェクト派遣チームを福島県へ派遣（二〇一一年五月二十五日第一次隊～二〇一一年七月二十九日の第十二次隊まで継続的に派遣）
	9/29	弘前大学と福島県浪江町が連携に関する協定を締結
	10/14	「福島県浪江町復興支援プロジェクト」を学内に設置
	12/1～6	チェルノブイリ調査団派遣（佐藤敬被ばく医療総合研究所長・医学研究科長を含め教職員八名）

H24年度（2012年度）	5/25	被ばく医療プロフェッショナル育成計画　第三期生開講式、特別講演会
	8/1	浪江町津島地区に「弘前大学浪江町復興支援施設」を設置
	10/16	浪江町馬場町長による特別講演会を開催
	10/22～29	チェルノブイリ調査団派遣（研究所教員七名を含む総勢十八名）
	1/21	韓国原子力医学院（ＫＩＲＡＭＳ）緊急被ばく医療センター（ＮＲＥＭＣ）と人材育成等を目的とした連携協定を締結（被ばく医療総合研究所）
	3/6	ストックホルム大学放射線防護研究センターと学術協力協定を締結（保健学研究科）
	3/7	被ばく医療プロフェッショナル育成計画　第一期生専門テーマ発表会、修了式
H25年度（2013年度）	5/24	被ばく医療プロフェッショナル育成計画　第四期生開講式、特別講演会等
	6/13	延辺大学長白山生物資源・機能分子教育学部重点実験室（中国）と覚書を締結（被ばく医療総合研究所）
	7/1	弘前大学浪江町復興支援室（浪江町二本松市事務所内設置）開所式
	8/1～11/30	文部科学省「情報ひろば」で「弘前大学の被ばく医療への取組」を展示紹介
	11/9	「平成二十五年度　よろず健康相談」を開催（福島県立医科大学と共催）（※「福島災害医療セミナーin弘前」として現在まで継続実施）

H25年度（2013年度）	11/20	チュラロンコン大学工学部原子力工学科（タイ）と協定を締結（被ばく医療総合研究所）
	11/22	ベトナム原子力研究所原子力科学技術研究所と協定を締結（被ばく医療総合研究所）
	12/9	被ばく医療総合研究所が「武見記念賞」受賞。福島第一原子力発電所事故発生以前からの緊急被ばく医療に関する教育・研究活動、及び福島県での社会貢献が評価
	1/11	「第一回高度実践看護教育部門セミナー」を開催（※以降、「放射線看護セミナー」として現在まで継続開催）
	3/7	被ばく医療プロフェッショナル育成計画　第二期生専門テーマ発表会、修了式
H26年度（2014年度）	4/1	平成二十六年度原子力災害影響調査事業（放射線による健康不安の軽減等に資する人材育成事業及び住民参加型プログラム等の実施並びに放射線による健康影響に関する資料の改訂等）委託業務開始（※現在、放射線健康管理・健康不安対策事業（福島県内における放射線に係る健康影響等に関するリスクコミュニケーション事業）として現在まで継続実施）
	4/17	被ばく医療プロフェッショナル育成計画　第五期生開講ガイダンス
	6/10	被ばく医療人材育成推進連絡協議会を設置
	7/14	青森県被ばく医療プロフェッショナルネットワーク会議設置
	7/31	環境省委託事業「原子力災害影響調査等事業（放射線の健康影響に係る研究調査事業）　原子力災害事故後の中長期的にわたる放射線ヘルスプロモーションの確立に向けて　～なみえまちからはじめよう。～」が採択（二年間）

H26年度（2014年度）	9/22～26	第九回自然放射線環境に関する国際シンポジウム開催（三十五ヶ国、一七八名参加）
	11/11	中国衡陽師範学院を訪問・覚書締結（被ばく医療総合研究所）
	3/6	被ばく医療プロフェッショナル育成計画　第三期生・第四期生発表会、修了式
H27年度（2015年度）	4/1	大学院保健学研究科博士前期課程に「放射線看護高度看護実践コース」を開設
	5/23～24	15th International Congress of Radiation Research の弘前大学サテライトシンポジウムとして、"ESRAH2015"と"Symposium on Radiation Nursing"を開催
	6/30	フィリピン原子力研究所と覚書を締結（被ばく医療総合研究所）
	8/26	原子力規制委員会から「高度被ばく医療支援センター」と「原子力災害医療・総合支援センター」の指定を受ける
	9/29	弘前大学保健学研究科・被ばく医療総合研究所　総合研究棟等竣工式典
	10/16	放射線安全総合支援センターを設置
	10/23～24	青森県被ばく医療実践対応指導者育成研修　第一回（※以降、第三回まで継続実施）
	1/22	「放射線看護」分野特定が正式に認定となる

H27年度（2015年度）	3/4	被ばく医療プロフェッショナル育成計画　第五期生専門テーマ発表会、修了式
	3/13	「放射線看護」専攻教育課程特定記念式典・記念講演を東京工業大学で開催（弘前大学、長崎大学、鹿児島大学による共同開催）
H28年度（2016年度）	4/1	弘前大学第三期中期目標・中期計画「戦略３：被ばく医療における安心・安全を確保するための国際的な放射線科学教育研究の推進」
	5/2	中国輻射防護研究所と協定締結（被ばく医療総合研究所）
	5/24	チェンマイ大学保健医療学部（タイ）と協定締結（被ばく医療総合研究所）
	6/14	東南圏原子力医学院（韓国）と協定締結（被ばく医療総合研究所）
	7/13	原子力規制人材育成事業（原子力人材育成等推進事業費補助金）が採択
	12/1〜3/21	文部科学省「情報ひろば企画展示室」における展示・イベント
	1/24	チェンマイ大学医学部と協定締結（被ばく医療総合研究所）
	2/22	放射線看護教育支援センターを設置
	3/8	高度実践看護師教育課程（専門看護師）認定証（第四〇九号、有効期限二〇二七年三月）を受領

H29年度（2017年度）	4/3	平成二十九年度原子力人材育成等推進事業費補助金（原子力規制人材育成事業）が開始
	7/7	チェンマイ大学でワークショップ「Chiang Mai - Hirosaki Joint Workshop on Health Sciences 2017」を共同開催
	7/8〜9	日本アイソトープ協会事業「看護職の原子力・放射線教育のためのトレーナーズトレーニング」を開催
	7/21	弘前大学被ばく医療プロフェッショナル修了後研修を開催（※現在まで継続開催）
	10/3	インドネシア原子力庁（ＢＡＴＡＮ）と大学間交流協定を締結
	11/1	放射線安全総合支援センターアドバイザリーボードを開催（※現在まで継続実施）
	11/8〜10	平成二十九年度第四回中核人材研修実施（受講者二〇名）
	12/22	国立大学法人福島大学環境放射能研究所との連携に関する協定締結（被ばく医療総合研究所）
	12/26	文部科学省「職業実践力育成プログラム（BP: Brush up Program for professional）」認定課程」に、博士前期課程放射線看護高度看護実践コースが認定される
H30年度（2018年度）	5/21	蘇州大学放射線医学・防護学部（中国）と部局間連携協定を締結（被ばく医療総合研究所）
	6/20	文部科学省「共同利用・共同研究拠点」（拠点名：放射能環境動態・影響評価ネットワーク共同研究拠点）に認定
	6/21	韓国原子力医学院（ＫＩＲＡＭＳ）との「第二回国際ジョイントシンポジウム」を開催

年度	月日	事項
H30年度（2018年度）	6/27	学術研究活動支援事業（大学等の「復興知」を活用した福島イノベーション・コースト構想事業）に採択
	7/11	カセサート大学理学部（タイ）と部局間連携協定を締結（被ばく医療総合研究所）
	7/31	博士前期課程放射線看護高度看護実践コースが、厚生労働省「教育訓練給付制度（専門実践教育訓練）」に指定される
	9/24～27	第九回高レベル環境放射線地域に関する国際会議（ICHLERA 2018）を開催（大会長：柏倉幾郎副学長、床次眞司所長／会場：弘前大学創立五十周年記念会館）
	10/15	バングラデシュ原子力委員会ダッカ原子力センターと部局間連携協定を締結（被ばく医療総合研究所）
	11/7	カセサート大学理学部と部局間交流協定を締結（被ばく医療総合研究所）
	11/14～16	平成三〇年度第四回原子力災害時医療中核人材研修実施（受講者二〇名）
	12/6	平成三〇年度放射線安全総合支援センターアドバイザリーボードを開催
	12/21	チュラロンコン大学工学部との部局間連携協定を締結（被ばく医療総合研究所）及び放射線科学研究に関するセミナー開催
	3/12	中国復旦大学放射医学研究所と部局間連携協定締結（被ばく医療総合研究所）
	3/31	高度被ばく医療支援センター五機関（弘前大学、福島県立医科大学、量子科学技術研究開発機構、広島大学、長崎大学）で協定締結

H31・R1年度（2019年度）	
4/1	「放射能環境動態・影響評価ネットワーク共同研究拠点」設置
6/13	アイルランド環境保護庁と大学間交流協定を締結
7/6〜7	「看護職・看護教員のための放射線教育研修会」を開催
8/29	ハワイ大学マノア校と部局間交流協定を締結（保健学研究科）
9/26	台北医学大学看護学部と部局間交流協定を締結（保健学研究科）
10/1	弘前大学被ばく医療連携推進機構を設置

中村 敏也（なかむら としや） 第五章

弘前大学大学院保健学研究科生体検査科学領域教授。

1955年生まれ。青森県弘前市出身。

博士（医学）。

山形大学理学部で化学を勉強した後、弘前大学医学部で多糖生化学の研究に従事しました。放射性物質は実験手技のひとつとして用いていましたが、まさか被ばく医療に関わるとは思いもしませんでした。現在は弘前大学大学院保健学研究科でヒアルロン酸やプロテオグリカンの研究を続けながら、被ばく医療人材の育成に取り組んでいます。

木立 るり子（きだち るりこ） 第六章

弘前大学大学院保健学研究科看護学領域教授。

1979年に弘前大学教育学部を卒業後、神奈川県で看護師経験８年の後に看護教育に携わる。

弘前大学大学院医学研究科博士課程修了。博士（医学）。

2011年より現職。介護や地域ケアにおける当事者研究や、放射線リスクコミュニケーションの研究に取り組んでいます。

細川 洋一郎（ほそかわ よういちろう） 第六章

弘前大学大学院保健学研究科放射線技術科学領域教授。

1958年生まれ。北海道札幌市出身。

1984年東日本学園大学（現北海道医療大学）歯学部卒業。北海道大学大学院歯学研究科博士課程修了。博士（歯学）。

その後、北海道大学で放射線治療に携わり、2008年弘前大学赴任。放射線腫瘍生物学の基礎的研究ならびに被ばく医療の教育、研究を中心に行っています。

田副 博文（たぞえ ひろふみ）　第三章

弘前大学被ばく医療総合研究所放射線化学部門助教。

1978年生まれ。東京都文京区出身。東京大学大学院理学系研究科博士後期課程修了。博士（理学）。

2011年より現職。一貫して希土類元素の化学分離法の開発・研究船を用いた海洋観測を行ってきました。福島第一原子力発電所事故を契機に分析技術を活かして放射性核種分析に取り組んでいます。現在は化学分離操作の自動化技術を開発中です。

柏倉 幾郎（かしわくら いくお）　はじめに、第四章、おわりに

弘前大学大学院保健学研究科放射線技術科学領域教授。弘前大学被ばく医療総合研究所被ばく医療学部門教授（兼任）。

1954年生まれ。北海道小樽市出身。北海道薬科大学卒業。博士（薬学）。

2002年に弘前大学医学部保健学科教授に着任。現在、弘前大学の被ばく医療関連業務を担当する副学長に任ぜられるとともに、放射線の障害軽減効果を有する薬物や生物学的線量評価マーカー探索に取り組んでいます。

山口 平（やまぐち まさる）　第四章

弘前大学大学院保健学研究科放射線技術科学領域助教。

1989年生まれ。山形県尾花沢市出身。

弘前大学大学院保健学研究科博士後期課程修了。博士（保健学）。

緊急被ばく医療における放射線の障害軽減効果を有する薬物や生物学的線量評価マーカー探索、及び放射線の生物影響に関する研究に取り組んでいます。

辻口 貴清（つじぐち たかきよ）　第四章

弘前大学大学院保健学研究科放射線技術科学領域助教。

1990年生まれ。青森県弘前市出身。

北海道大学卒業。弘前大学大学院保健学研究科博士前期課程修了。修士（保健学）。

弘前大学の被ばく医療関連業務に従事しつつ、原子力防災に関する最新の知見を組込んだ教材開発など、規制科学研究に取り組んでいます。

執筆者紹介

嶋 昭紘（しま あきひろ）　監修

1941年１月９日生まれ。
東京大学理学部生物学科（動物学課程）卒業。理学博士
東京大学理学部助手、助教授、教授、総長補佐を歴任。御勇退後、（財）環境科学技術研究所の所長、常務理事、専務理事、理事長を経て（公財）放射線影響協会理事。弘前大学の被ばく医療体制の構築へ多大なる貢献をなされ、2016年弘前大学名誉博士。2019年９月25日ご逝去。

細田 正洋（ほそだ まさひろ）　第一章

弘前大学大学院保健学研究科放射線技術科学領域講師。

1974年生まれ。静岡県浜松市出身。博士（保健科学）。

専門は放射線計測学です。福島第一原子力発電所事故の１カ月前に弘前大学に着任しました。自然放射線の被ばくに関する研究を行っています。着任直後に発生した福島第一原子力発電所事故以降は、放射性物質による汚染状況の調査や住民の被ばく線量評価も行っています。

床次 眞司（とこなみ しんじ）　第一章

弘前大学被ばく医療総合研究所放射線物理学部門教授・所長。

1964年生まれ。鹿児島県鹿児島市出身。

早稲田大学大学院理工学研究科博士後期課程修了。博士（工学）。

専門は保健物理学（放射線防護）です。弘前大学には2011年１月に着任しました。環境中にある放射性物質を測定する機器や手法の開発を中心に活動しています。特に放射線測定装置や測定方法の国際標準化を推進しています。

三浦 富智（みうら とみさと）　第二章

弘前大学大学院保健学研究科生体検査科学領域准教授。

1968年生まれ。秋田県北秋田市（旧森吉町）出身。

弘前大学大学院理学研究科生物学専攻修了。修士（理学）。2001年に弘前大学大学院医学研究科にて博士（医学）を取得。

2012年より現職。緊急被ばく医療における線量評価や放射線の生物影響を研究しています。2011年から福島県内放射性物質汚染地域において野生動物の調査を行っています。

「知の散歩シリーズ」刊行にあたって

学問を発見した古代の人々は、知を学ぶプロセスを表すために「道」のイメージを用いました。ユークリッドは「学問に王道なし」と警告し、老子は「千里の道も一歩から」と助言し、韓非は「老いたる馬は道を忘れず」と述べ、経験の重要性を説きました。

グローバル化が進む現在、私たちが暮らす世界では、知の道路地図が大きく書き換えられてきています。さまざまな知の領域で、かつて存在したさまざまな思考の道筋が、これまでなかったような新しい回路へと変容しつつあります。

そうした日々刷新を続ける「知の道」が集まるプラットフォーム（基盤）、それが大学です。大学の中を走る知の道を歩くとき、多くの新鮮な発見があるはずです。地域と世界の最新の姿を目撃し、思いもよらない科学技術のもたらす恩恵に驚き、これまで知られてこなかった文化の魅力的な相貌に感動し、社会と人間の進むべき道に思いをはせる……。

私たち弘前大学もまたそうしたプラットフォームのひとつです。この「知の散歩シリーズ」は、高校生から大学生、そして社会人の皆様を弘前大学に集まる知の道へと誘うためのガイドブックとして構想されました。各分野の第一線の研究者たちが、さまざまな課題や問題に関して、できるだけ平易に、肩肘張らず、そして地域固有の視点に結び付けながら解説（ガイド）していきます。読者の皆様もリラックスしながら、私たちとともに、知の道を歩いてみませんか。もし、この散歩で新たな発見をしていただけたならば、これ以上の喜びはありません。

弘前大学出版会

知の散歩シリーズ 2

福島に学ぶ
放射線総合科学の展開を目指して

2020年3月2日　初版第1刷発行

監　修　嶋 昭紘
編　著　柏倉 幾郎
装　丁　弘前大学教育学部　佐藤光輝研究室
発行所　弘前大学出版会
〒036-8560　青森県弘前市文京町1
電話 0172（39）3168　　FAX 0172（39）3171
印刷所　やまと印刷株式会社

ISBN 978-4-907192-85-3